学習指導要領対応

中3数学
図形編

くもんの
中学基礎
がため
100%
パーセント

くもん出版

本書の特長

基礎・基本が，最初の一歩からよくわかる！

本書は，勉強に取り組みやすいように，答えをこの本に書き込めるようにした《書き込み式ドリル》です。また，とてもやさしい問題からスタートし，初めて学習するところは「例」があったり，穴埋め問題になっていたりします。ですから無理なく学習が始められます。

解きながら学ぶ，くもん独自のステップ！

みなさんが問題を解きながら力を高めていけるよう，問題は無理なくできるやさしいものから，1問ごと，1ページごとにステップをふんでレベルアップしていきます。

系統的に十分な練習ができる2冊構成

本シリーズは，十分な学習量による繰り返し学習を大切にしているので，中3数学は「計算・関数編」と「図形編」の2冊構成となっています。

本書の使い方

①例などを見て，解き方を理解	新しい解き方が出てくるところには「例」がついています。1問目は「例」を見ながら，解き方を覚えましょう。
②1問ごとにステップアップ	問題は1問ごとに少しずつレベルアップしていきます。わからないときには，「例」や少し前の問題などをよく見て考えましょう。
③答え合わせをして，考え方を確認	別冊解答には，「答えと考え方」が示してあります。解けなかったところは「考え方」を読んで，もう一度やってみましょう。

問題ページ

とてもやさしい所から学習をスタート。

問題は1問ごと，1回ごとに少しずつステップアップ。

答えを直接書き込む《書き込み式》

別冊解答

わからなかったところは別冊解答の「答」と「考え方」を読んで直す。

問題の途中に，右記のマークが出てきます。それぞれには，たいせつなことがらが書かれていますから役立てましょう。

Memo …… は暗記しておくべき公式など
ポイント …… はここで学習する重要なポイント
ヒント …… は問題を解くためのヒント
注意 …… は間違えやすい点

中3 数学
図形編 ············ もくじ

回数		ページ
1	相似	4
2	相似な図形の性質①	6
3	相似な図形の性質②	8
4	相似な図形の性質③	10
5	三角形の相似条件①	12
6	三角形の相似条件②	14
7	三角形と相似①	16
8	三角形と相似②	18
9	三角形と相似③	20
10	三角形と相似④	22
11	三角形と相似⑤	24
12	相似のまとめ①	26
13	相似のまとめ②	28
14	相似の利用①	30
15	相似の利用②	32
16	相似の利用③	34
17	平行線と線分の比①	36
18	平行線と線分の比②	38
19	平行線と線分の比③	40
20	平行線と線分の比④	42
21	平行線と線分の比⑤	44
22	中点連結定理①	46
23	中点連結定理②	48
24	中点連結定理③	50
25	平行線と線分の比のまとめ①	52
26	平行線と線分の比のまとめ②	54
27	図形と相似のまとめ	56
28	相似な図形の面積比①	58
29	相似な図形の面積比②	60
30	相似な立体の表面積の比	62
31	相似な立体の体積比①	64
32	相似な立体の体積比②	66
33	相似な立体の体積比③	68
34	相似な図形の比のまとめ	70
35	円周角①	72
36	円周角②	74
37	円周角③	76
38	円周角④	78
39	円周角⑤	80
40	円周角のまとめ	82
41	三平方の定理①	84
42	三平方の定理②	86
43	三平方の定理③	88
44	三平方の定理の逆	90

中3数学
計算・関数編のご案内

多項式の計算，因数分解，素因数分解，平方根，
2次方程式の解き方，2次方程式の応用，
2乗に比例する関数，$y=ax^2$のグラフ，変化の割合，
放物線と直線，いろいろな関数

回数		ページ
45	特別な辺の比の直角三角形①	92
46	特別な辺の比の直角三角形②	94
47	特別な辺の比の直角三角形③	96
48	三平方の定理の応用①	98
49	三平方の定理の応用②	100
50	三平方の定理の応用③	102
51	三平方の定理の応用④	104
52	三平方の定理の応用⑤	106
53	三平方の定理の応用⑥	108
54	三平方の定理の応用⑦	110
55	三平方の定理の応用⑧	112
56	三平方の定理の応用⑨	114
57	三平方の定理のまとめ①	116
58	三平方の定理のまとめ②	118
59	標本調査	120
60	中学図形の復習①	122
61	中学図形の復習②	124
62	中学図形の復習③	126

「教科書との内容対応表」から，自分の教科書の部分を切りとってここにはりつけ，学習するときのページ合わせに活用してください。

3

相似

月　　　日　　　📖　　　点　　　答えは別冊2ページ

●**Memo** 覚えておこう●

● 1つの図形を形を変えずに，一定の割合で拡大または縮小した図形ともとの図形は相似（そうじ）であるという。

● 相似な図形では，対応する辺の比はすべて等しい。

● 相似な図形では，対応する角はそれぞれ等しい。

● 相似な図形は，記号 "∽" を使って表す。

---

1 下の図において，Oは平面上の点，A′はOAの延長上に OA′＝2OA となるようにとった点である。同様にして，点B′，C′，D′をとり，四角形ABCDを2倍に拡大した四角形A′B′C′D′をかきなさい。 **20点**

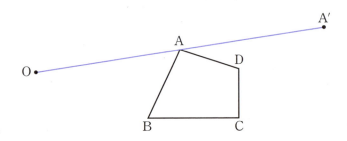

---

2 次の ☐ の中をうめなさい。 (1), (2) 各**10**点 (3) 各**5**点

(1) 1つの図形を形を変えずに，一定の割合で拡大または縮小した図形ともとの図形は ☐ であるという。

(2) **1** の図で，四角形ABCDと四角形A′B′C′D′は相似である。このことを記号を使って

　　　四角形ABCD ☐ 四角形A′B′C′D′

のように表す。

(3) **1** の図で，それぞれ対応する点は，AとA′，BとB′，Cと ☐ ，Dと ☐ である。

4

3 下の図の三角形ABCについて，(1)は点Oを中心として2倍に拡大した三角形，(2)は点Oを中心として $\frac{1}{2}$ に縮小した三角形をかきなさい。 ·············· 各**10**点

(1)

(2)

4 下の図で，五角形FGHIJは五角形ABCDEを拡大した図形を裏返したものである。次の問いに答えなさい。 ·············· 各**6**点

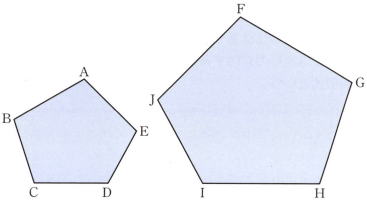

(1) 点Aに対応する点を答えなさい。

[   ]

(2) ∠Bに対応する角を答えなさい。

[   ]

(3) ∠Hに対応する角を答えなさい。

[   ]

(4) 辺DEに対応する辺を答えなさい。

 相似な図形の対応する頂点の順に書くこと。

[   ]

(5) 辺GHに対応する辺を答えなさい。

[   ]

相似な図形の性質①

1 右の図で，四角形ABCD∽四角形EFGH である。次の問いに答えなさい。

(1) 辺ABと対応する辺を答えなさい。

[　　　　　　]

(2) AB：EF を求めなさい。

[　　　　　　]

(3) BC：FG を求めなさい。

[　　　　　　]

(4) 辺EHの長さを求めなさい。

[　　　　　　]

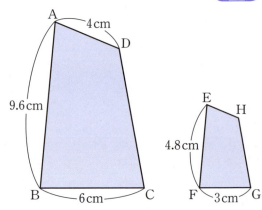

─●**Memo** 覚えておこう●─

上の図で，対応する辺の比はすべて等しく，2：1になっている。
このように，相似な図形の対応する辺の比はすべて等しい。また，対応する
辺の比を，相似比という。

2 右の図で，△ABC∽△DEF である。次の問いに答えなさい。

各**6**点

(1) △ABCと△DEFの相似比を求めなさい。

ヒント BCとEFが対応する。

[　　　　　　]

(2) 辺DEの長さを求めなさい。

[　　　　　　]

🚩**ポイント**

相似な図形では，対応する辺の比は等し
い。

(3) 辺ACの長さを求めなさい。

[　　　　　　]

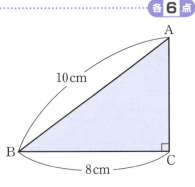

3 右の図で，△ABC∽△A′B′C′ である。このとき，辺A′B′，A′C′ の長さを，次のように求めた。□ の中をうめなさい。 ‥‥‥‥‥‥‥‥ □ **各4点**

(1) 辺BCとB′C′が対応するから，

相似比は，BC：B′C′＝ □ ： □

(2) AB：A′B′ が相似比に等しいから，

A′B′＝x cm とすると，

12：x＝ □ ： □

3x＝ □

x＝ □

(3) AC：A′C′ が相似比に等しいから，

A′C′＝y cm とすると，

16.5：y＝ □ ： □

3y＝ □

y＝ □

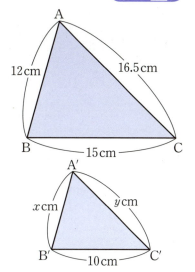

4 右の図で，△ABC∽△A′B′C′ である。次の問いに答えなさい。

‥‥‥‥‥‥‥‥ **各6点**

(1) △ABC と △A′B′C′ の相似比を求めなさい。

[   ]

(2) x の値を求めなさい。

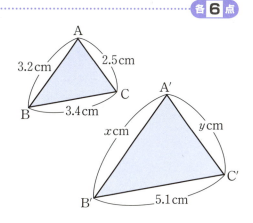

[   ]

(3) y の値を求めなさい。

[   ]

相似な図形の性質②

1 右の図で，四角形ABCD ∽ 四角形EFGH である。次の問いに答えなさい。

各**6**点

(1) 四角形ABCDと四角形EFGHの相似比を求めなさい。

[　　　　　　　　]

(2) 辺EFの長さを求めなさい。

[　　　　　　　　]

(3) 辺EHの長さを求めなさい。

[　　　　　　　　]

(4) 辺DCの長さを求めなさい。

[　　　　　　　　]

2 右の図で，△OA′B′は，△OABを点Oを中心として拡大したものである。次の問いに答えなさい。

各**6**点

(1) △OABと△OA′B′の相似比を求めなさい。

[　　　　　　　　]

(2) 辺OA′の長さを求めなさい。

[　　　　　　　　]

(3) 辺ABの長さを求めなさい。

[　　　　　　　　]

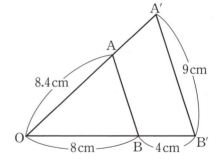

3 右の図で，△ABC∽△DEF で，相似比が 2：3 であるとき，次の問いに答えなさい。 ········· 各**6**点

(1) ∠E の大きさを求めなさい。

[   ]

(2) ∠A の大きさを求めなさい。

[   ]

(3) $\dfrac{BC}{EF}$ の値を求めなさい。

[   ]

(4) 辺 DE の長さを求めなさい。

[   ]

(5) 辺 AC の長さを求めなさい。

[   ]

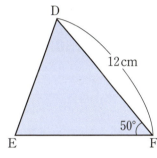

4 右の図で，四角形ABCD∽四角形EFCG である。次の問いに答えなさい。 ········· 各**7**点

(1) 四角形 ABCD と四角形 EFCG の相似比を求めなさい。

 ヒント DC：GC が相似比となる。

[   ]

(2) ∠A の大きさを求めなさい。

[   ]

(3) 辺 AD の長さを求めなさい。

[   ]

(4) 辺 EF の長さを求めなさい。

[   ]

相似な図形の性質③

1 右の図で，四角形ABCD ∽ 四角形EFGH である。次の問いに答えなさい。

各**5**点

(1) ∠Hの大きさを求めなさい。

[　　　　　　　　]

(2) 四角形ABCDと四角形EFGHの相似比を求めなさい。

[　　　　　　　　]

(3) 辺ADの長さを求めなさい。

[　　　　　　　　]

(4) 辺FGの長さを求めなさい。

[　　　　　　　　]

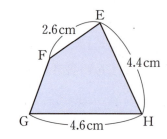

2 右の図で，△ABC ∽ △DEF である。次の問いに答えなさい。

各**5**点

(1) △ABCと△DEFの相似比を求めなさい。

[　　　　　　　　]

(2) ∠Eの大きさを求めなさい。

[　　　　　　　　]

(3) ∠Dの大きさを求めなさい。

[　　　　　　　　]

(4) 辺ABの長さを求めなさい。

[　　　　　　　　]

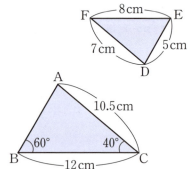

3 右の図で，四角形 ABCD ∽ 四角形 EFGH で，相似比が 3：2 であるとき，次
の問いに答えなさい。 ………………………………………………… 各 **5** 点

(1) ∠B の大きさを求めなさい。

[   ]

(2) ∠E の大きさを求めなさい。

[   ]

(3) 辺 FG の長さを求めなさい。

[   ]

(4) 辺 AB の長さを求めなさい。

[   ]

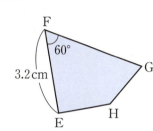

4 右の図で，△OAB と △OA'B' は相似である。次の問いに答えなさい。
…………………………………………………………… 各 **8** 点

(1) △OAB と △OA'B' の相似比を求めなさい。

[   ]

(2) △OAB の △OA'B' に対する相似比を比の値
で表しなさい。

[   ]

(3) △OA'B' の △OAB に対する相似比を比の値
で表しなさい。

[   ]

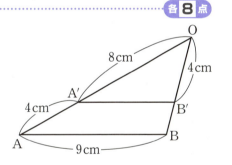

(4) 辺 A'B' の長さを求めなさい。

[   ]

(5) 辺 OB の長さを求めなさい。

[   ]

5 三角形の相似条件①

月　　日　　　　点　　答えは別冊 3 ページ

●**Memo**覚えておこう●

●**三角形の相似条件**
2 つの三角形は，次の①～③のどれかが成り立つとき相似である。
**　①3 組の辺の比がすべて等しい。**
**　②2 組の辺の比とその間の角がそれぞれ等しい。**
**　③2 組の角がそれぞれ等しい。**

1 下の図の①～⑥の三角形について，次の問いに答えなさい。　········ [ ] 各**7**点

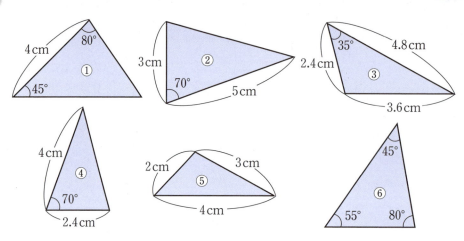

(1)　①と相似な三角形を答えなさい。また，そのときに使った相似条件を答えなさい。

相似な三角形 [　　　　　　　　　　　]

相似条件 [　　　　　　　　　　　]

(2)　②と相似な三角形を答えなさい。また，そのときに使った相似条件を答えなさい。

相似な三角形 [　　　　　　　　　　　]

相似条件 [　　　　　　　　　　　]

(3)　③と相似な三角形を答えなさい。また，そのときに使った相似条件を答えなさい。

相似な三角形 [　　　　　　　　　　　]

相似条件 [　　　　　　　　　　　]

2 次の問いに答えなさい。 ……………………………………… [ ]各**7**点

(1) 下の図で，△ABCと相似な三角形を①～③から選び，記号で答えなさい。また，そのときに使った相似条件を答えなさい。

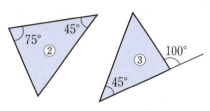

相似な三角形 [   ]

相似条件 [   ]

(2) 下の図で，△ABCと相似な三角形を①～③から選び，記号で答えなさい。また，そのときに使った相似条件を答えなさい。

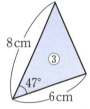

相似な三角形 [   ]

相似条件 [   ]

3 右の図の△ABCと△DEFについて，次の問いに答えなさい。 ……… 各**15**点

(1) AB：DE＝AC：DF のほかに，どんな条件を1つ加えれば，△ABC∽△DEF になるか答えなさい。

[   ]

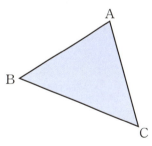

(2) ∠A＝∠D のほかに，どんな条件を1つ加えれば，△ABC∽△DEF になるか答えなさい。

[   ]

6 三角形の相似条件②

月　日　　　点　　答えは別冊 4 ページ

1 右の図について，次の問いに答えなさい。 ………………… 各**5**点

(1) AD：DB＝AE：EC＝2：1 であるとき，
△ABC∽△ADE である。そのときに使った相
似条件を答えなさい。

[　　　　　　　　　　　]

(2) AD：DB＝AE：EC＝2：1 のとき，△ABC
と△ADE の相似比を答えなさい。

[　　　　　　　　　　　]

(3) DE∥BC であるとき，△ABC∽△ADE である。そのときに使った相似条件を
答えなさい。

[　　　　　　　　　　　]

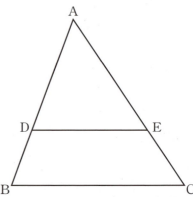

2 右の図について，次の問いに答えなさい。 ………………… 各**5**点

(1) AB：AE を求めなさい。

[　　　　　　　　　　　]

(2) AC：AD を求めなさい。

[　　　　　　　　　　　]

(3) △ABC と相似な三角形を答えなさい。

注意 相似な図形の対応する頂点の順に書くこと。

[　　　　　　　　　　　]

(4) (3)で使った相似条件を答えなさい。

[　　　　　　　　　　　]

(5) △ABC と(3)で答えた三角形の相似比を求めなさい。

[　　　　　　　　　　　]

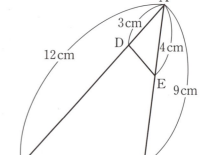

3 右の図について，次の問いに答えなさい。 ‥‥‥‥‥‥ 各**6**点

(1) ∠ADE と等しい角を答えなさい。

[   ]

(2) △ABC と相似な三角形を答えなさい。

注意 相似な図形の対応する頂点の順に書くこと。

[   ]

(3) (2)で使った相似条件を答えなさい。

[   ]

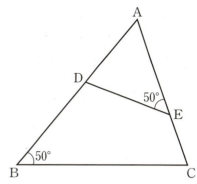

4 右の図について，次の問いに答えなさい。 ‥‥‥‥‥‥ 各**6**点

(1) ∠BAC と等しい角を答えなさい。

[   ]

(2) △ABC と相似な三角形を答えなさい。

[   ]

(3) (2)で使った相似条件を答えなさい。

[   ]

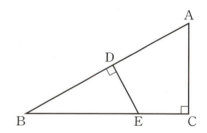

5 右の図の△ABCで，BD⊥AC，CE⊥AB であるとき，次の問いに答えなさい。

‥‥‥‥‥‥ 各**6**点

(1) ∠ABD と等しい角を答えなさい。

[   ]

(2) ∠BAC と等しい角をすべて答えなさい。

[   ]

(3) △ABD と相似な三角形をすべて答えなさい。

[   ]

(4) (3)で使った相似条件を答えなさい。

[   ]

月　　日　　　点　　答えは別冊4ページ

1 右の図で，AO＝2CO，DO＝2BO のとき，△AOD∽△COB であることを，次のように証明した。 □ の中をうめなさい。 ……各**3**点

> **ヒント** 2組の辺の比とその間の角が等しいことをいう。

△AOD と △COB において，

AO：CO＝ □ ： □ ，DO：BO＝ □ ： □

よって，AO：CO＝ □ ： □ ……①

対頂角は等しいから，

∠AOD＝∠ □ ……②

①，②より， □

がそれぞれ等しいから，

△AOD∽△ □

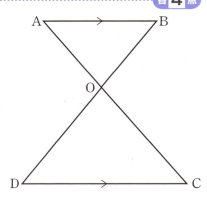

2 右の図で，AB∥DC のとき，△ABO∽△CDO であることを，次のように証明した。 □ の中をうめなさい。 ……各**4**点

△ABO と △CDO において，

AB∥DC だから，

∠BAO＝∠ □ ……①

対頂角は等しいから，

∠AOB＝∠ □ ……②

①，②より， □ がそれぞれ等しい

から，

△ABO∽△ □

> **ポイント**
> 三角形の相似の証明では，①3組の辺の比，②2組の辺の比とその間の角，③2組の角　のいずれかが等しいことをいえばよいが，その中でも，③2組の角　が等しいことをいう場合が最も多い。

3 右の図で，AC∥DE を次のように証明した。□ の中をうめなさい。

・・・・・・・・・・・・・・・・・・・・・・・・・・・・・・・・・・・ 各**3**点

ヒント 3組の辺の比がすべて等しいことより，△ABCと△EBDの相似がいえる。錯角が等しいことより，AC∥DE をいう。

△ABC と △EBD において，

AB : EB = □ : □ , CB : DB = □ : □

AC : ED = □ : □

よって，

AB : EB = □ : □ = □ : □

□ がすべて等しいから，

△ABC ∽ △□

相似な図形の対応する角は等しいから，∠CAB = ∠□

よって，□ が等しいから，AC∥DE

4 右の図で，∠ABO = ∠CDO である。次の問いに答えなさい。

・・・・・・・・・・・・・・・・・・・・・・・・・ (1)**10**点 (2)**5**点

(1) △ABO ∽ △CDO を証明しなさい。

ヒント 前ページの **2** 参照。

(証明)

(2) AO = 9 cm，BO = 6 cm，DO = 8 cm のとき，線分 CO の長さを求めなさい。

[ ]

17

月　日　 点　答えは別冊5ページ

1 右の図で，AD＝21cm，BD＝4cm，AC＝20cm，BC＝10cm である。次の問いに答えなさい。　(1) 各**3**点 (2)**5**点 (3)**6**点

(1) △ABC∽△CBD であることを，次のように証明した。□ の中をうめなさい。

△ABC と△CBD において，

AB：CB＝□：□，

BC：BD＝□：□

よって，AB：CB＝□：□ ……①

∠B は共通 ……②

①，②より，□ が

それぞれ等しいから，△ABC∽△□

(2) △ABC と△CBD の相似比を求めなさい。

 辺ABと辺CBが対応している。

(3) 辺DC の長さを求めなさい。

2 右の図の△ABC で，∠A＝∠BCD となるように辺AB上に点Dをとるとき，△ABC∽△CBD であることを，次のように証明した。□ の中をうめなさい。　各**7**点

△ABC と△□ において，

仮定より，∠A＝∠□ ……①

∠□ は共通 ……②

①，②より，□ がそれぞれ等しいから，

△ABC∽△□

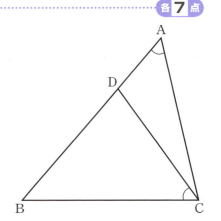

3 下の図で，x の値を求めなさい。 ･････････････････････

(1)　∠ADE＝∠ACB

(2)　∠BAC＝∠DBC

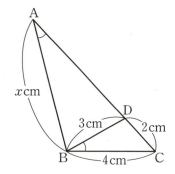

[　　　　　　　]　　　　　[　　　　　　　]

(3)　∠C＝∠BED＝90°

(4)

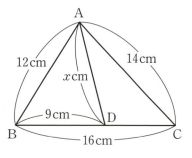

[　　　　　　　]　　　　　[　　　　　　　]

(5)　∠B＝∠AED＝90°

(6)　∠ABC＝∠DAC

[　　　　　　　]　　　　　[　　　　　　　]

三角形と相似③

1 右の図のように，∠A＝90° の直角三角形ABCの頂点Aから辺BCに垂線AD
をひいたとき，△ABC∽△DBA であることを，次のように証明した。　□の
中をうめなさい。　 各**5**点

　　△ABCと△DBAにおいて，

　　　∠BAC＝∠ □ ＝90° ……①

　　　∠ □ は共通　　　　……②

　　①，②より，□ がそれぞれ等しいから，

　　△ABC∽△ □

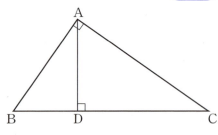

2 右の図で，∠A＝90°，AD⊥BC である。AB＝a，BD＝b，BC＝c とするとき，
次の問いに答えなさい。　□，[ ] 各**5**点

(1)　$a^2＝bc$ となることを，次のように証明し
た。　□の中をうめなさい。

 1より，△ABC∽△DBA
△ABCのBCと△DBAのBA，
△ABCのABと△DBAのDB
が対応する。

　△ABC∽△DBA だから，対応する辺の比
は等しく，BC：BA＝AB：DB だから，

　　c：□ ＝a：b

　よって，$a^2＝$ □

(2)　AB＝6cm，BD＝3cm のとき，辺BC の長さを求めなさい。

 $a^2＝bc$ を使う。

(3)　BD＝5cm，BC＝20cm のとき，辺AB の長さを求めなさい。

20

3 右の図のように，∠A＝90°の直角三角形ABCの頂点Aから辺BCに垂線AD
をひいた。次の問いに答えなさい。 ⋯⋯⋯⋯⋯⋯⋯⋯⋯⋯⋯⋯ 各**10**点

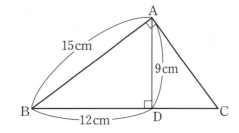

(1) △ABC∽△DBA である。△ABCの辺BC
に対応する△DBAの辺を答えなさい。

[   ]

(2) △ABC∽△DBA である。△ABCの辺AB
に対応する△DBAの辺を答えなさい。

[   ]

(3) 右の図で，AB＝15cm，BD＝12cm，AD
＝9cm のとき，辺BCの長さを求めなさい。

ヒント 対応する辺の比を等しいとおく。

[   ]

4 右の図のように，△ABCの頂点A，Bから，それぞれ辺BC，CAに垂線AD，
BEをひいた。次の問いに答えなさい。 ⋯⋯⋯⋯⋯⋯⋯⋯⋯ □，[ ] 各**6**点

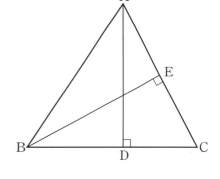

(1) △ADC∽△BEC であることを，次のように
証明した。□ の中をうめなさい。

△ADCと△BECにおいて，

∠ADC＝∠ □ ＝90° ⋯⋯①

∠ □ は共通　　　 ⋯⋯②

①，②より，□ がそれぞれ等しい

から，

△ADC∽△ □

(2) AC＝6cm，BC＝8cm，EC＝4cm のとき，辺DCの長さを求めなさい。

ヒント △ADCと△BECで，対応する辺の比が等しい。

[   ]

10 三角形と相似④

1 右の図で，△ABC ∽ △A'B'C' である。辺BC，B'C'の中点をそれぞれM，M' とするとき，△ABM ∽ △A'B'M' であることを，次のように証明した。□ の 中をうめなさい。 ・・・・・ **各5点**

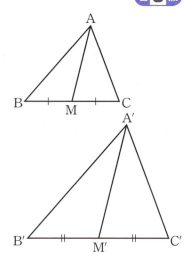

△ABM と △A'B'M' において，

△ABC ∽ △A'B'C' だから，

対応する角は等しい。

よって，　∠B=∠ □ 　　……①

また，対応する辺の比は等しいから

AB : A'B'=BC : □

　　　　　=2BM : □

　　　　　=BM : □ 　　……②

①，②より，□

がそれぞれ等しいから，

△ABM ∽ △ □

2 右の図について，次の問いに答えなさい。 ・・・・・ **各5点**

(1) △ABC ∽ △EBD である。そのときに使った相 似条件を答えなさい。

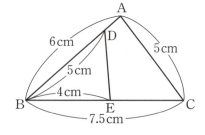

[　　　　　　　　]

(2) △ABC と △EBD の相似比を求めなさい。

[　　　　　　　　]

(3) 辺DEの長さを求めなさい。

[　　　　　　　　]

3 右の図の△ABCにおいて，∠B＝60°，∠C＝40°で，ADは∠BACの二等分線である。次の問いに答えなさい。……………… 各**5**点

(1) ∠BADの大きさを求めなさい。

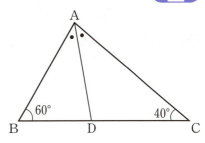

[　　　　　]

(2) △ABCと相似な三角形を答えなさい。

[　　　　　]

4 右の図の△ABCで，AB＝AC，∠A＝36°である。∠ABCの二等分線と，辺ACとの交点をDとするとき，BC²＝AC×DCであることを，次のように証明した。□の中をうめなさい。……………… 各**5**点

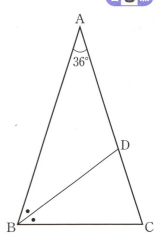

△ABCと△BDCにおいて，

△ABCは二等辺三角形だから，

　∠ABC＝□°

仮定より，∠DBC＝$\frac{1}{2}$∠ABC＝□°

よって，∠BAC＝∠□　　……①

　　∠□は共通　　……②

①，②より，□がそれぞれ等しいから，

　△ABC∽△□

相似な図形の対応する辺の比は等しいから，

　AC：□＝BC：□

よって，□²＝AC×DC

11 三角形と相似⑤

1 右の図の平行四辺形ABCDで，点Mは辺BCの中点，点Oは線分BDとAMの交点である。次の問いに答えなさい。　　　　各**4**点

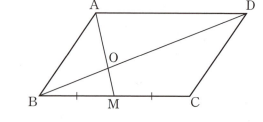

(1) △AODと相似な三角形を答えなさい。

[　　　　　　　]

(2) (1)で使った相似条件を答えなさい。

[　　　　　　　]

(3) △AODと(1)で答えた三角形の相似比を求めなさい。

[　　　　　　　]

(4) OD：OB を求めなさい。

[　　　　　　　]

(5) BD＝9cm のとき，線分ODの長さを求めなさい。

[　　　　　　　]

2 右の図の正三角形ABCで，∠ADE＝60°となる2点D，Eを辺BC，AB上にそれぞれとるとき，△DEB∽△ADC であることを，次のように証明した。　　　各**4**点

の中をうめなさい。

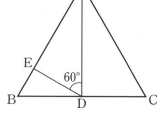

△DEBと△ADCにおいて，

△ABCは正三角形だから，

∠B＝∠[　　]＝[　　]° ……①

三角形の外角と内角の関係から，

∠B＋∠DEB＝∠[　　　　]＝∠ADE＋∠ADC

∠B＝60°，∠ADE＝60° だから，

∠DEB＝∠[　　　] ……②

①，②より，[　　　　　] がそれぞれ等しいから，

△DEB∽△[　　　]

3 右の図は，AD∥BC の台形ABCDで，対角線AC，BDの交点をOとする。AD＝6cm，BC＝12cm，AC＝9cm，BD＝13.5cm のとき，次の問いに答えなさい。 ········· **各8点**

(1) 線分AOの長さを求めなさい。

ヒント △AOD∽△COB である。

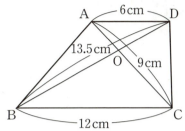

[　　　　　　　]

(2) 線分BOの長さを求めなさい。

[　　　　　　　]

4 右の図のように，長方形ABCDの頂点Dが辺BC上の点Eと重なるように折り返したときの折り目の線分をAFとする。このとき，△ABE ∽△ECF であることを，次のように証明した。□の中をうめなさい。 ··················· **各4点**

△ABE と△□□□ において，

∠□□□ ＝∠□□□ ＝90° ······①

三角形の外角と内角の関係から，

∠B＋∠BAE ＝∠□□□

　　　　　　　 ＝∠AEF＋∠□□□

∠B＝90°，∠AEF ＝∠□□□ ＝90° だから，

∠BAE ＝∠□□□　　　······②

①，②より，□□□ がそれぞれ等しいから，

△□□□ ∽△□□□

12 相似のまとめ①

1 右の図で，四角形ABCD∽四角形EFGH である。次の問いに答えなさい。

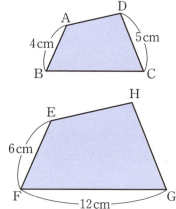

(1) 辺ADと対応する辺を答えなさい。

[　　　]

(2) ∠Bと対応する角を答えなさい。

[　　　]

(3) 四角形ABCDと四角形EFGHの相似比を答え なさい。

[　　　]

(4) 辺BCの長さを求めなさい。

[　　　]

(5) 辺HGの長さを求めなさい。

[　　　]

2 右の図で，AD∥CB である。次の問いに答えなさい。

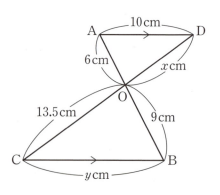

(1) △AODと相似な三角形を答えなさい。

[　　　]

(2) (1)で使った相似条件を答えなさい。

[　　　]

(3) xの値を求めなさい。

[　　　]

(4) yの値を求めなさい。

[　　　]

3 右の図のように，∠C＝90°の直角三角形ABCの頂点Cから辺ABに垂線CD
をひくとき，△ABC ∽△ACD となることを，次のように証明した。□の
中をうめなさい。 ········· 各**3**点

△ABCと△ □ において，

仮定より，

∠ □ ＝∠ □ ＝90° ······①

∠ □ は共通　　　　······②

①，②より， □ がそれぞれ等しいから，

△ □ ∽△ □

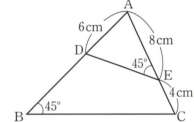

4 右の図について，次の問いに答えなさい。 ········· 各**5**点

(1) △ABCと△AEDは相似である。そのときに使
った相似条件を答えなさい。

[　　　　　　　　　　]

(2) △ABCと△AEDの相似比を求めなさい。

[　　　　　　　　　　]

(3) 辺ABの長さを求めなさい。

[　　　　　　　　　　]

5 右の図で，∠BDE＝∠BFD＝∠BAC＝90°である。次の問いに答えなさい。
········· 各**5**点

(1) △ABCと相似な三角形をすべて答えなさい。

[　　　　　　　　　　]

(2) 線分BDの長さを求めなさい。

[　　　　　　　　　　]

(3) 線分CFの長さを求めなさい。

[　　　　　　　　　　]

27

13 相似のまとめ②

月　日　　点　　答えは別冊7ページ

1 右の図で，Oは線分AC，BDの交点である。このとき，AB∥DC であることを，次のように証明した。□ の中をうめなさい。　　　　　各**2**点

ヒント 錯角が等しいことより，AB∥DC をいう。錯角が等しいことをいうために，△AOB と△CODが相似であることを証明する。

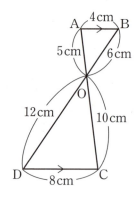

△AOBと△ □ において，

AB：CD＝ □ ： □ ，　AO：CO＝ □ ： □

BO： □ ＝1：2 だから，

AB：CD＝ □ ： □ ＝ □ ： □

よって， □ がすべて等しいから，

△AOB ∽ △ □

対応する角は等しいから，∠ABO＝∠ □

錯角が等しいから，AB∥DC

2 右の図で，AD＝9cm，DB＝7cm，AC＝12cm，BC＝10cm である。次の問いに答えなさい。　　　　　(1)**15**点　(2)**10**点

(1)　△ABC∽△ACD を証明しなさい。

（証明）

(2)　辺DCの長さを求めなさい。

ヒント 2組の辺の比とその間の角が等しいから，△ABC∽△ACD

［　　　　　］

3 右の図で，∠B＝∠AED，AD＝4cm，AE＝6cm，EC＝2cm，BC＝10cm である。次の問いに答えなさい。 ……………… (1) 各**2**点 (2), (3)**6**点

(1) △ABC∽△AED を，次のように証明した。
    □ の中をうめなさい。

△ABC と △ ⬚ において，

仮定より，∠B＝∠ ⬚ ……①

∠ ⬚ は共通 ……②

①，②より， ⬚ がそれぞれ等しい

から，

△ABC∽△ ⬚

(2) 辺 AB の長さを求めなさい。

[   ]

(3) 辺 DE の長さを求めなさい。

[   ]

4 右の図は，AB＝15cm，AC＝20cm，BC＝25cm，∠A＝90°の直角三角形 ABC である。頂点 A から辺 BC にひいた垂線を AH とするとき，次の問いに答えなさい。 ……………… (1)**20**点 (2)**7**点

(1) △ABC∽△HBA を証明しなさい。

（証明）

(2) 線分 AH の長さを求めなさい。

[   ]

14 相似の利用①

月　　日　　　　点　　答えは別冊8ページ

●**Memo**覚えておこう●

一般に，1つの図形を形を変えずに，一定の割合で大きくすることを拡大する，小さくすることを縮小するという。
また，拡大した図形を拡大図，縮小した図形を縮図という。

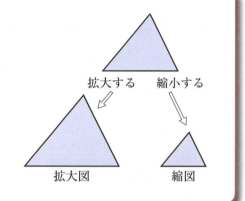

拡大する　　縮小する

拡大図　　　　縮図

1 次の問いに答えなさい。 ·········· (1), (2) 各**8**点 (3)各**7**点

(1) △ABC の2倍の拡大図をかきなさい。

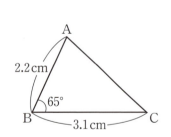

(2) 四角形 ABCD の $\frac{1}{2}$ の縮図をかきなさい。

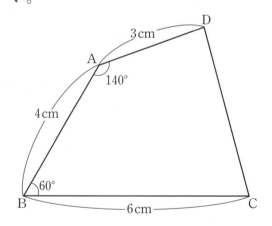

(3) 右の図のような長方形の土地がある。この土地の $\frac{1}{1000}$ の縮図をかくと，縦ABの長さは何cmになるか求めなさい。また，$\frac{1}{200}$ の縮図をかくと，横BC の長さは何cmになるか求めなさい。

AB [　　　　　　] 　　　BC [　　　　　　　　]

2 右の図は，A子さんの家の台形の形の畑の $\dfrac{1}{1000}$ の縮図である。次の問いに答えなさい。•••••••••••••••••••••••••••••••• 各**10**点

(1) 図の線分ADの長さを測りなさい。

$\Big[\qquad \Big]$

(2) (1)の長さは実際の畑では何mになるか求めなさい。

$\Big[\qquad \Big]$

3 右の図は，真横からみた校舎の $\dfrac{1}{200}$ の縮図である。次の問いに答えなさい。•••••••••••••••••••••••••••••••• 各**10**点

(1) 図の線分ABの長さを測りなさい。

$\Big[\qquad \Big]$

(2) (1)より，実際の校舎の高さは何mになるか求めなさい。

$\Big[\qquad \Big]$

(3) $\dfrac{1}{100}$ の縮図をかくと，線分ABの長さは何cmになるか求めなさい。

$\Big[\qquad \Big]$

4 下の図のような台形とおうぎ形を組み合わせた図形がある。点Oを中心とする $\dfrac{3}{2}$ 倍の拡大図と $\dfrac{2}{3}$ 倍の縮図をかきなさい。•••••••••••••••••••••••••••••••• 各**10**点

O ·

15 相似の利用②

1 川をはさむ2地点A，P間の距離を求めるために，右の図のように，適当な地点Bを決めたところ，AB＝70m，∠PAB＝70°，∠PBA＝60°であった。次の問いに答えなさい。 ･･････････ (1) 各**10**点 (2)**20**点

(1) △PABの $\frac{1}{1000}$ の縮図では，辺ABの長さは何cmになるか求めなさい。また，$\frac{1}{2000}$ の縮図では何cmになるか求めなさい。

$\dfrac{1}{1000}$ [　　　　　　]

$\dfrac{1}{2000}$ [　　　　　　]

(2) △PABの $\frac{1}{2000}$ の縮図をかいて距離APを求めなさい。

[　　　　　　　　]

2 海岸の地点Aから島の地点Pまでの距離APを求めるために，右の図のように，海岸に地点Bを決めたところ，AB＝60m，∠PAB＝70°，∠PBA＝50°であった。$\frac{1}{1000}$ の縮図をかいて距離APを求めなさい。 ･･････ **20**点

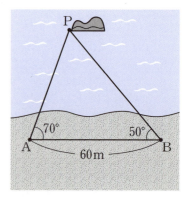

[　　　　　　　　]

3 池をはさむ2地点A，B間の距離を求めるために，右の図のように，適当な地点Cを決めたところ，CA＝12m，CB＝15m，∠C＝80°であった。$\dfrac{1}{200}$ の縮図をかいて距離AB を求めなさい。 ……………… **20点**

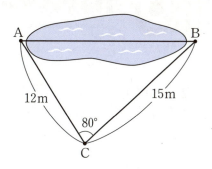

[   ]

4 川の向こう側の岸の2地点P，Q間の距離を求めるために，右の図のように，こちら側の岸に2地点A，Bを決めたところ，AB＝44m，∠PAB＝60°，∠PBA＝40°，∠QAB＝35°，∠QBA＝65°であった。$\dfrac{1}{1000}$ の縮図をかいて距離PQを求めなさい。 ……………… **20点**

[   ]

月　　日　　　　点　　答えは別冊9ページ

1 右の図のように，木の真下の地点Aから20m離れた地点Pに立って，木の先端Bを見上げる角∠BQRを測ったら，40°であった。縮図をかいて木の高さABを求めたい。次の問いに答えなさい。 (1), (3) 各**10**点 (2)**20**点

(1)　QRを5cmとした縮図の縮尺を答えなさい。

[　　　　　]

(2)　(1)の縮尺で△BQRの縮図をかいて，長さBRを求めなさい。

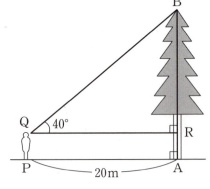

[　　　　　]

(3)　目の高さPQを1.5mとして，木の高さABを求めなさい。

[　　　　　]

2 テレビ塔の真下の地点Aから40m離れた地点Pに立って，テレビ塔の先端Bを見上げる角∠BQRを測ったら，50°であった。目の高さPQを1.5mとして，$\frac{1}{1000}$の縮図をかいて，テレビ塔の高さABを求めなさい。 **20**点

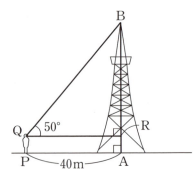

[　　　　　]

3 木の高さを測ろうとして，木の真下の地点Aから適当に離れた地点Pに立って，木の先端Bを見上げる角∠BRTを測ったら，30°であった。次に，P地点から木の方向に10m近づいた地点Qでもう一度木の先端を見上げたら，∠BST＝50°であった。目の高さPRを1.5mとして，$\frac{1}{500}$の縮図をかいて，木の高さABを求めなさい。 **20**点

[   ]

4 右の図のように，高さが18.5mのビルの屋上の地点Pに立って，地点Bを見下ろす角∠BQRを測ったら，30°であった。目の高さPQを1.5mとして，$\frac{1}{400}$の縮図をかいて，ビルの真下の地点Aから地点Bまでの距離ABを求めなさい。 **20**点

[   ]

平行線と線分の比①

1 右の図の△ABCで，DE∥BC のとき，AD：AB＝AE：AC＝DE：BC であることを，次のように証明した。□の中をうめなさい。　　　　各**5**点

△ADE と△□ において，

DE∥BC より，

　∠ADE＝∠□　……①

　∠□ は共通　　　……②

①，②より，□ がそれぞれ等しいから，

△ADE ∽△□

相似な図形の対応する辺の比は等しいから，

AD：□＝AE：□＝□：BC

●Memo 覚えておこう●

右の図の△ABCで，辺AB，AC上の点をそれぞれD，Eとする。DE∥BCならば，次の関係が成り立つ。
　　AD：AB＝AE：AC＝DE：BC

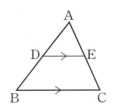

---

2 右の図の△ABCで，DE∥BC である。次の問いに答えなさい。　　　各**9**点

(1) AD＝6 cm，AB＝9 cm，AE＝4 cm のとき，AC の長さを求めなさい。

ヒント AD：AB＝AE：AC

[　　　　　　]

(2) AD＝6 cm，AB＝9 cm，BC＝8.1 cm のとき，DE の長さを求めなさい。

[　　　　　　]

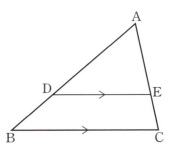

3 右の図で，2つの線分AEとBDの交点をCとする。AB∥DE のとき，次の問いに答えなさい。 ・・・・・・・・・・・・・・・・・ 各**6**点

(1) △ABC と相似な三角形を答えなさい。

[   ]

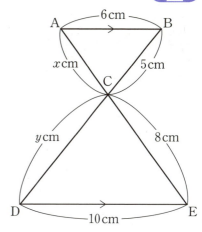

(2) x の値を求めなさい。

ヒント AC：EC＝AB：ED

[   ]

(3) y の値を求めなさい。

[   ]

4 下の図で，AB∥CD である。x の値を求めなさい。 ・・・・・・・・・・・・・・・・・ 各**6**点

(1)

(2)

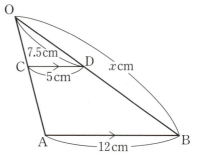

[   ]   [   ]

(3)

(4)

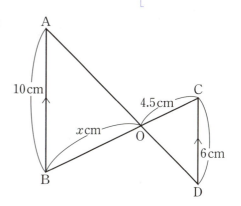

[   ]   [   ]

37

18 平行線と線分の比②

月　日　　点　　答えは別冊10ページ

1 右の図の△ABCで，DE∥BC のとき，AD：DB＝AE：EC となることを，次のように証明した。□ の中をうめなさい。 ………… 各**6**点

ヒント　点Dを通り線分ACに平行な直線をひくと，四角形DFCEは平行四辺形になる。

点Dを通り線分ACに平行な直線をひき，辺BCとの交点をFとする。

△ADE と△DBF において，

DE∥BC より，

　　∠ADE＝∠ □ ……①

AC∥DF より，

　　∠DAE＝∠ □ ……②

①，②より， □ がそれぞれ等しいから，△ADE∽△ □

よって，AD： □ ＝AE： □

四角形DFCEは平行四辺形だから，DF＝EC

よって，AD：DB＝AE：EC

────●**Memo** 覚えておこう●────

　右の図の△ABCで，辺AB，AC上の点をそれぞれD，Eとする。DE∥BC ならば，次の関係が成り立つ。

　　AD：DB＝AE：EC

2 **1**で，AD＝6cm，DB＝3cm，AE＝4cm，EC＝$x$cm のとき，x の値を次のように求めた。□ の中をうめなさい。 ………… 各**5**点

AD：DB＝AE： □

□ ： □ ＝4：x

これを解いて，x＝ □

3 下の図で，DE∥BC である。x の値を求めなさい。 ·········

(1)

[   ]

(2)

[   ]

(3)

[   ]

(4)
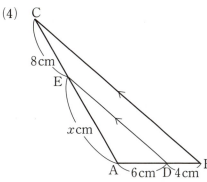

[   ]

4 右の図で，BC∥DE，AD：DB＝2：1，AC＝15cm，BC＝10cm である。次の問いに答えなさい。 ··········

(1) EC＝xcm として，比例式をつくりなさい。

 AEをxを用いて表すと，(15−x)cm

[   ]

(2) (1)の比例式を解いて，x の値を求めなさい。

[   ]

(3) DE の長さを求めなさい。

 DE：BC＝2：1 ではない。

[   ]

平行線と線分の比③

 月　日　　　　　点　　答えは別冊10ページ

1 右の図のように，平行な3つの直線 ℓ, m, n に2つの直線が交わっているとき，AB：BC＝DE：EF であることを，次のように証明した。□の中をうめなさい。

各**5**点

点Aを通り直線DFに平行な直線をひき，直線BE，CFとの交点をそれぞれG，Hとする。
△ACHで，BG∥CH だから，

AB：BC＝ □ ： □ ……①

四角形AGED，四角形GHFEは，ともに

□ であるから，

AG＝ □ ， GH＝ □ ……②

①，②より，

AB：BC＝ □ ： □

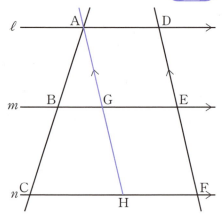

●Memo 覚えておこう●

右の図で，3つの直線 ℓ, m, n が平行であるとき，次の関係が成り立つ。

$a：b＝c：d$

---

2 で，AB＝8cm，BC＝6cm，DE＝6cm のとき，EFの長さを求めなさい。

5点

40

3 下の図で，3つの直線 ℓ，m，n が平行であるとき，x の値を求めなさい。

各**6**点

(1)

(2)
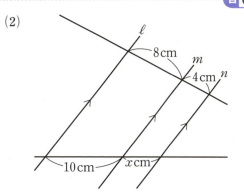

[   ]   [   ]

4 右の図の四角形ABCDは台形で，点P，Qはそれぞれ辺AB，DC上の点で，PQ∥AD，PQ∥BC である。次の問いに答えなさい。

各**8**点

(1) 点Aを通り直線DCに平行な直線を右の図にかき入れて，直線PQ，BCとの交点をそれぞれE，Fとしなさい。

(2) QCの長さを求めなさい。

[   ]

(3) EQの長さを求めなさい。

ヒント 四角形AEQDは平行四辺形

[   ]

(4) BFの長さを求めなさい。

[   ]

(5) PEの長さを求めなさい。

ヒント △APE∽△ABF

[   ]

(6) x の値を求めなさい。

[   ]

月　　日　　点　　答えは別冊11ページ

1 △ABCの辺AB，AC上の点をそれぞれP，Qとするとき，

(1)　AP：AB＝AQ：AC ならば，PQ∥BC

(2)　AP：PB＝AQ：QC ならば，PQ∥BC

を，次のように証明した。□の中をうめなさい。 ················ 各**5**点

〔(1)の証明〕

△APQと△ABCにおいて，

仮定より，

AP：AB＝□：□ ······①

また，∠□ は共通　　······②

①，②より，□ が

それぞれ等しいから，　△APQ∽△□

よって，∠□ ＝∠B

したがって，同位角が等しいから，□∥□

〔(2)の証明〕

 (1)の証明の結果を利用する。

AP：PB＝AQ：QC＝m：n とする。

AB＝AP＋PB だから，

AP：AB＝AP：(AP＋PB)＝m：($m+n$)　······①

AC＝AQ＋QC だから，

AQ：AC＝AQ：(AQ＋QC)＝□：(□)······②

①，②より，AP：AB＝AQ：□

よって，(1)の結果より，

□∥□

したがって，AP：PB＝AQ：QC ならば，PQ∥BC

●**Memo** 覚えておこう●

△ABCの辺AB，AC上の点をそれぞれP，Qとするとき，

(1) **AP：AB＝AQ：AC ならば，**
   PQ∥BC

(2) **AP：PB＝AQ：QC ならば，**
   PQ∥BC

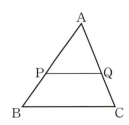

2 右の図で，次の2つの線分が平行であれば○，平行でなければ×を[　]の中に書きなさい。 ········· 各**5**点

(1) ABとEF

[　　　　]

(2) BCとDF

[　　　　]

(3) ACとDE

[　　　　]

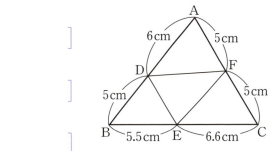

3 右の図は線分ABと点Aからひいた半直線AXである。次の手順にしたがって，線分ABを3等分しなさい。 ········· **10**点

① AX上に点Aから順に等間隔に3点P_1，P_2，P_3をとる。（P_1の位置は適当でよい。）

② 点P_3とBを結ぶ。

③ 点P_1，P_2からP_3Bと平行な直線をひき，ABとの交点をそれぞれQ_1，Q_2とする。（Q_1，Q_2は線分ABを3等分する点となる。）

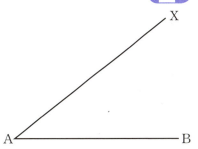

4 **3** と同様な方法で，下の線分ABを5等分しなさい。 ········· **10**点

A ——————— B

平行線と線分の比⑤

1 下の図の三角すいO–ABCで，面ABCと面DEFは平行である。x の値を求めなさい。 ……………………………………………………… **6点**

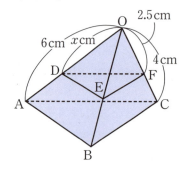

[　　　　　]

2 右の図の正四角すいO–ABCDで，面ABCDと面EFGHは平行である。対角線ACを $1:2$ に分ける点をI，直線OIとEGの交点をJとする。AC＝9cm，OE：EA＝2：1のとき，次の問いに答えなさい。 ……………………… **各7点**

(1) AIの長さを求めなさい。

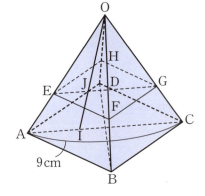

[　　　　　]

(2) EJの長さを求めなさい。

[　　　　　]

(3) OJ＝6cm のとき，OIの長さを求めなさい。

[　　　　　]

(4) AGとOIの交点をKとするとき，JK：KIを求めなさい。

[　　　　　]

3 右の図のように，平行な３つの平面P，Q，Rに２つの直線 ℓ，m が交わっている。また，点A，Fを通る直線が直線CD上の点Gで交わっている。
AB＝8cm，EF＝16cm，AC：CE＝3：2のとき，次の問いに答えなさい。

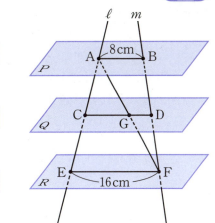

各6点

(1) AC：AE を求めなさい。

[ ]

(2) CG：EF を求めなさい。

[ ]

(3) CGの長さを求めなさい。

[ ]

(4) CDの長さを求めなさい。

[ ]

(5) AB：CD を求めなさい。

[ ]

4 右の図のように，平行な３つの平面P，Q，Rに２つの直線 ℓ，m が交わっている。このとき，AB：BC＝A′B′：B′C′ であることを，次のように証明した。□の中をうめなさい。

各4点

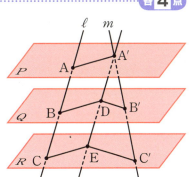

点A′を通り直線 ℓ に平行な直線をひき，平面Q，Rとの交点をそれぞれD，Eとする。
３つの平面P，Q，Rは平行であるから，

四角形ABDA′，四角形 [   ] はともに

[   ] である。

よって，A′D＝ [   ]，DE＝ [   ] ……①

△A′EC′で，平面Q∥平面R だから，

DB′∥ [   ]

よって，A′D：DE＝ [   ] : [   ] ……②

①，②より，AB：BC＝ [   ] : [   ]

中点連結定理①

1 △ABCの2辺AB，ACの中点をそれぞれM，Nとするとき，MN∥BC，MN＝$\frac{1}{2}$BCであることを，次のように証明した。□の中をうめなさい。

················· 各**6**点

△ABCと△AMNにおいて，

点M，Nはそれぞれ辺AB，ACの中点だから，

　AB：AM＝□：□＝2：1

　　∠Aは共通

□がそれぞれ

等しいから，

　△ABC∽△□

2つの三角形の相似比は2：1であるから，

　MN＝$\frac{1}{2}$□

相似な図形の対応する角は等しいから，

　∠B＝∠□

よって，MN∥BC

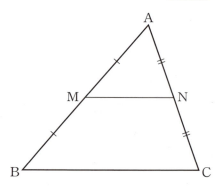

●Memo 覚えておこう●

　●中点連結定理

　　△ABCの2辺AB，ACの中点を

　それぞれM，Nとすると，

　　MN∥BC

　　MN＝$\frac{1}{2}$BC

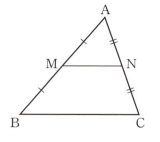

---

2 **1** で，BC＝12cmのとき，MNの長さを求めなさい。················· **7**点

[　　　　　]

3 右の図の△ABCで，点D，Eはそれぞれ辺AB，ACの中点である。次の問い
に答えなさい。 ·········· **各7点**

(1) ADの長さを求めなさい。

[   ]

(2) DEの長さを求めなさい。

[   ]

(3) ∠Bの大きさを求めなさい。

[   ]

4 右の図は，AD∥BC の台形ABCDである。辺ABの中点をEとし，点Eから
辺BCに平行な直線をひき，対角線AC，辺DCとの交点をそれぞれF，Gと
する。次の問いに答えなさい。 ·········· **各6点**

(1) EFの長さを求めなさい。

> **ヒント** EF∥BC，点Eは線分ABの中点だから，
> 点Fは線分ACの中点である。

[   ]

(2) FGの長さを求めなさい。

[   ]

(3) EGの長さを求めなさい。

[   ]

5 右の図のように，△ABCの辺AB，BC，CAの中点をそれぞれD，E，Fと
する。AB＝8cm，BC＝6cm，CA＝4cm のとき，次の問いに答えなさい。
·········· **各6点**

(1) DFの長さを求めなさい。

[   ]

(2) △DEFの周りの長さを求めなさい。

[   ]

(3) 四角形DECFはどんな四角形か答えなさい。

[   ]

1 右の図のように，四角形ABCDの辺AB，BC，CD，DAの中点をそれぞれP，Q，R，Sとするとき，次の問いに答えなさい。 ……… 各**6**点

(1) AC＝12cm のとき，PQの長さを求めなさい。

ヒント △ABCで，中点連結定理を使う。

［　　　　　　］

(2) BDと平行な線分を2つ答えなさい。

［　　　　　　］

(3) 四角形PQRSはどんな四角形か答えなさい。

［　　　　　　］

2 右の図は，ひし形ABCDで，辺AB，BC，CD，DAの中点をそれぞれP，Q，R，Sとする。AC＝10cm，BD＝14cm のとき，次の問いに答えなさい。

……… 各**6**点

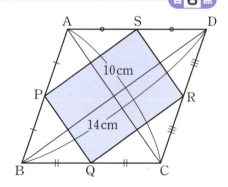

(1) PQの長さを求めなさい。

［　　　　　　］

(2) QRの長さを求めなさい。

［　　　　　　］

(3) ∠SPQの大きさを求めなさい。

ヒント ひし形の対角線は垂直に交わる。

［　　　　　　］

(4) ∠PQRの大きさを求めなさい。

［　　　　　　］

(5) 四角形PQRSはどんな四角形か答えなさい。

［　　　　　　］

3 △ABCの辺ABの中点Pを通り，辺BCに平行な直線が辺ACと交わる点をQとすれば，点Qは辺ACの中点であることを，次のように証明した。□の中をうめなさい。 ………… 各**7**点

ヒント △ABCと△APQの相似を考える。

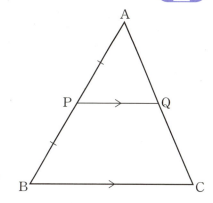

△ABCと△APQにおいて，
PQ∥BC だから，

∠B＝∠ [   ] ……①

∠Aは共通　　……②

①，②より，[   ] がそれぞれ等しいから，

△ABC∽△ [   ]

2つの三角形の相似比は 2：1 であるから，

AQ＝$\frac{1}{2}$ [   ]

よって，点Qは辺ACの中点である。

●**Memo** 覚えておこう●

●**中点連結定理の逆**
　△ABCの辺ABの中点Pを通り，辺BCに平行な直線が辺ACと交わる点をQとすれば，点Qは辺ACの中点である。

---

4 右の図は，AD∥BC，AD＝3cm，BC＝5cm の台形ABCDである。辺ABの中点をM，点Mを通り辺BCに平行な直線と辺DCとの交点をNとし，ANの延長とBCの延長との交点をLとする。次の問いに答えなさい。 ………… 各**8**点

(1) DN：DC を求めなさい。

ヒント MはABの中点，MN∥BC

[   ]

(2) CLの長さを求めなさい。

[   ]

(3) MNの長さを求めなさい。

[   ]

24 中点連結定理③

1 右の図は，AC＝16cm，BC＝12cm，∠C＝90°の直角三角形ABCである。辺BCの中点をD，BDの中点をEとし，2点D，Eから辺ACに平行な直線をそれぞれひき，これらの直線と辺ABとの交点を図のようにF，Gとする。さらに，GCとFDの交点をHとする。次の問いに答えなさい。 　各**7**点

(1)　FDの長さを求めなさい。

[　　　　　]

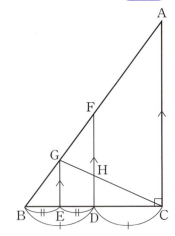

(2)　GEの長さを求めなさい。

[　　　　　]

(3)　HD：GE を求めなさい。

[　　　　　]

(4)　FHの長さを求めなさい。

[　　　　　]

2 右の図の△ABCで，点Dは辺ACの中点，点E，Fは辺BCを3等分する点である。BDとAEの交点をGとするとき，次の問いに答えなさい。 　各**8**点

(1)　AE：DF を求めなさい。

[　　　　　]

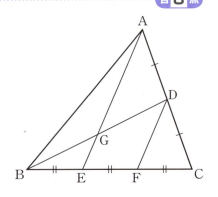

(2)　GE：DF を求めなさい。

[　　　　　]

(3)　AG：GE を求めなさい。

[　　　　　]

3 右の図の△ABCで，点D，Eは辺ABを3等分する点であり，点Fは辺ACの中点である。DFの延長とBCの延長との交点をGとするとき，次の問いに答えなさい。 ⋯⋯⋯⋯⋯⋯⋯⋯⋯⋯⋯⋯⋯⋯⋯⋯⋯⋯⋯ □，[ ] 各**4**点

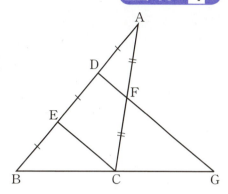

(1) BC＝CG であることを，次のように証明した。□の中をうめなさい。

　　△AECにおいて，仮定より，

　　AD＝□　，　AF＝□　だから，

　　中点連結定理より，DF／／□　⋯⋯①

　　△BGDにおいて，仮定より，

　　BE＝□

　　①から，DG／／□

　　よって，BC＝CG

(2) EC＝4cm のとき，FGの長さを求めなさい。

　　　　　　　　　　　　　　　　　[　　　　　　　　]

4 右の図の四角形ABCDで，辺AD，辺BC，対角線BDの中点をそれぞれM，N，Pとするとき，次の問いに答えなさい。 ⋯⋯⋯⋯⋯⋯⋯⋯ □，[ ] 各**4**点

(1) MP：AB を求めなさい。

　　　　　　　　　　[　　　　　　　　]

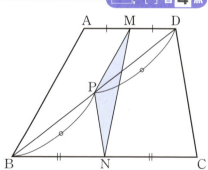

(2) AB＝DC のとき，△PNMは二等辺三角形であることを，次のように証明した。□の中をうめなさい。

　　△DABで，

　　DM＝□　，　DP＝□　だから，

　　中点連結定理より，MP＝$\frac{1}{2}$□

　　同様に，△BCDで，NP＝$\frac{1}{2}$□

　　仮定より，AB＝DC だから，

　　MP＝□

　　よって，△PNMは二等辺三角形である。

月　日　　　点　答えは別冊13ページ

1 下の図で, x の値を求めなさい。 …… 各**6**点

(1) DE∥BC

(2) DE∥BC

(3) AB∥CD

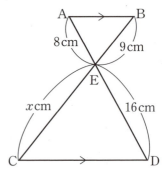

[　　　　] [　　　　] [　　　　]

2 下の図で, x , y の値を求めなさい。 …… [ ] 各**7**点

(1) EC∥FD, BD＝DC

(2) DE, FG, BC は平行

 △AEG∽△AFD より x を求める。
△BCE で中点連結定理を用いる。

 △ADE, △AFG, △ABC は相似である。

[$x=$ 　　　] 　　　[$x=$ 　　　]

[$y=$ 　　　] 　　　[$y=$ 　　　]

❸ 下の図で，3つの直線 ℓ，m，n が平行であるとき，x，y の値を求めなさい。

〔　〕各**6**点

(1)

(2)

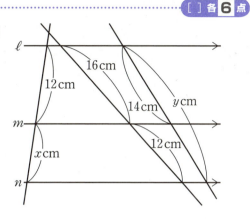

〔 $x=$　　　〕〔 $y=$　　　〕　　〔 $x=$　　　〕〔 $y=$　　　〕

(3)

(4)

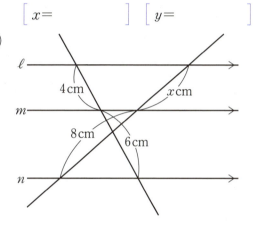

〔 $x=$　　　〕　　　　　　　　　　〔 $x=$　　　〕

❹ 右の図の平行四辺形ABCDで，点L，M，Nはそれぞれ辺BC，CD，DAの中点で，点PはALとBDの交点，点QはMNとBDの交点である。
BD＝24cm のとき，次の問いに答えなさい。 各**6**点

(1) BPの長さを求めなさい。

ヒント BP：PD＝BL：AD

〔　　　　　　　〕

(2) DQの長さを求めなさい。

〔　　　　　　　〕

(3) PQの長さを求めなさい。

〔　　　　　　　〕

月 日 点 答えは別冊14ページ

1 右の図で，AB∥DF，EB＝BF＝FC，AB＝12 cm のとき，次の問いに答えなさい。 ……… 各**6**点

(1) DFの長さを求めなさい。

 ヒント 中点連結定理を用いる。

[   ]

(2) BGの長さを求めなさい。

[   ]

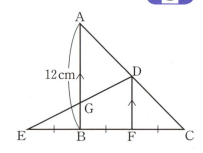

2 右の図で，3つの線分AD，EF，BCは平行で，Pは3つの線分AC，BD，EFの交点である。AD＝6 cm，BC＝12 cm のとき，次の問いに答えなさい。 ……… 各**6**点

(1) AP：PCを求めなさい。

[   ]

(2) EPの長さを求めなさい。

[   ]

(3) EFの長さを求めなさい。

[   ]

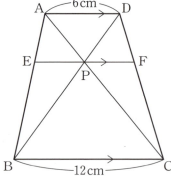

3 右の図の△ABCで，点D，Eはそれぞれ辺AB，ACの中点である。CDとBEの交点をFとするとき，次の問いに答えなさい。 ……… 各**6**点

(1) EF：FBを求めなさい。

[   ]

(2) △DBFの面積は，△DFEの面積の何倍か求めなさい。

[   ]

(3) △DBCの面積は，△DFEの面積の何倍か求めなさい。

[   ]

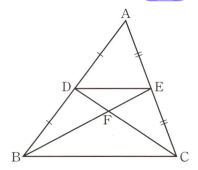

4 右の図のように，平行四辺形ABCDの辺BC上に，BE：EC＝3：2となる点Eをとり，AEおよびその延長が対角線BD，DCの延長と交わる点をそれぞれF，Gとする。次の問いに答えなさい。 各**7**点

(1) AB＝12cmのとき，CGの長さを求めなさい。

[   ]

(2) AB：DG を求めなさい。

[   ]

(3) BF：FD を求めなさい。

[   ]

(4) BD＝16cmのとき，BFの長さを求めなさい。

[   ]

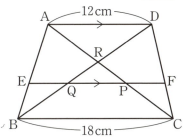

5 右の図で，3つの線分AD，EF，BCは平行で，AD＝12cm，BC＝18cm，AE：AB＝3：5である。次の問いに答えなさい。 各**7**点

(1) EPの長さを求めなさい。

[   ]

(2) QPの長さを求めなさい。

[   ]

6 下の線分ABを6等分しなさい。 **10**点

図形と相似のまとめ

1 右の図で，∠ABC＝∠ADB＝∠AED＝90°である。次の問いに答えなさい。

各**4**点

(1) ∠DAE と等しい角をすべて答えなさい。

[　　　　　　　　　]

(2) △ABC と相似な三角形をすべて答えなさい。

[　　　　　　　　　]

(3) BD の長さを求めなさい。

[　　　　　　　　　]

(4) DE の長さを求めなさい。

[　　　　　　　　　]

(5) △BDC の面積を求めなさい。

[　　　　　　　　　]

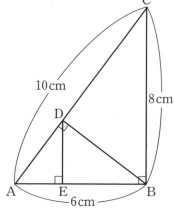

2 右の図のように，平行四辺形ABCDの辺AB，BC，CDの中点をそれぞれM，N，Pとする。対角線BDとMN，APとの交点をそれぞれQ，Rとする。次の問いに答えなさい。

各**10**点

(1) BD：BQ を求めなさい。

 対角線ACをひく。

[　　　　　　　　　]

(2) BD＝12cm のとき，DR の長さを求めなさい。

[　　　　　　　　　]

3 右の図は AD∥BC の台形である。PQ∥BC で，AD＝5cm，BC＝7.5cm，AP＝2cm，BP＝3cm のとき，次の問いに答えなさい。 ･････････ **各10点**

(1) BD と PQ の交点を R として，PR の長さを求めなさい。

[   ]

(2) PQ の長さを求めなさい。

[   ]

4 右の図の△ABC で，点 P は辺 BC 上の点で，BP：PC＝1：2 である。また，点 Q は辺 AC の中点である。点 Q を通り辺 BC に平行な直線と AP との交点を R，AP と BQ との交点を S とするとき，次の問いに答えなさい。 ･････････ **各10点**

(1) AR：RS を最も簡単な整数の比で表しなさい。

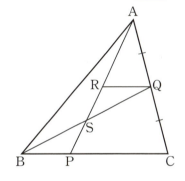

[   ]

(2) △ABC の面積は，△ABS の面積の何倍か求めなさい。

[   ]

5 右の図のように，△ABC の∠B の二等分線と辺 AC との交点を D とし，BD 上に AD＝AE となる点 E をとる。次の問いに答えなさい。 ･････････ **各10点**

(1) ∠BDC と大きさの等しい角を答えなさい。

ヒント △AED の内角と外角の関係を利用する。

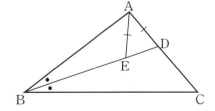

[   ]

(2) AB＝6cm，BC＝7.5cm，CD＝2.5cm のとき，AC の長さを求めなさい。

[   ]

月　日　　点　　答えは別冊16ページ

1 　1辺が1cmの正方形Aと，1辺が3cmの正方形Bがある。次の問いに答えなさい。 ・・・・・・・・・ 各**7**点

(1) 　正方形Aと正方形Bの相似比を求めなさい。

[　　　　　　　　]

(2) 　正方形Aと正方形Bの面積の比を求めなさい。

[　　　　　　　　]

2 　右の図のような，相似な直角三角形△ABCと△DEFがある。次の問いに答えなさい。 ・・・・・・・・・ 各**7**点

(1) 　△ABCと△DEFの相似比を求めなさい。

[　　　　　　]

(2) 　△ABCと△DEFの面積の比を求めなさい。

[　　　　　　]

3 　1辺が2cmの正方形Aと，1辺が$k$cmの正方形Bがある。次の問いに答えなさい。 ・・・・・・・・・ 各**7**点

(1) 　正方形Aと正方形Bの相似比を求めなさい。

[　　　　　　]

(2) 　正方形Aと正方形Bの面積の比を求めなさい。

[　　　　　　]

●**Memo** 覚えておこう●

● **相似な図形の面積の比**
　相似な図形の面積の比は，相似比の2乗に等しい。すなわち，
　相似比が $a:b$ のとき，面積の比は $a^2:b^2$

4 次の2つの図形A，Bは相似である。AとBの面積の比を求めなさい。
　　　　　　　　　　　　　　　　　　　　　　　　　　　　　　　　各**7**点

(1) 　A．半径が2cmの円
　　　B．半径が4cmの円

[　　　　　　　]

(2) 　A．縦が6cm，横が4cmの長方形
　　　B．縦が9cm，横が6cmの長方形

[　　　　　　　]

5 △ABCと△A′B′C′は相似で，対応する辺ABとA′B′の長さは，それぞれ6cm，9cmである。次の問いに答えなさい。　　　　□，[ ] 各**7**点

(1) △ABCと△A′B′C′の相似比を求めなさい。

[　　　　　　　]

(2) △ABCと△A′B′C′の面積の比を求めなさい。

[　　　　　　　]

(3) △ABCの面積が12cm²のとき，△A′B′C′の面積を次のように求めた。□の中をうめなさい。
　　△A′B′C′の面積をScm²とすると，

　　　12 : S = [　　　　　　]

　　この比例式を解いて，

　　　S = [　　] (cm²)

6 次の問いに答えなさい。　　　　　　　　　　　　　　　各**8**点

(1) 台形ABCDと台形A′B′C′D′は相似で，相似比は2 : 5である。台形ABCDの面積が8cm²のとき，台形A′B′C′D′の面積を求めなさい。

[　　　　　　　]

(2) △ABCと△DEFは相似で，相似比は1 : 3である。△ABCの面積が5cm²のとき，△DEFの面積を求めなさい。

[　　　　　　　]

月　　日　　　　点　　答えは別冊16ページ

1 右の図で，AB∥DC，AB＝9cm，DC＝12cm である。次の問いに答えなさい。

(1)，(2) 各**5**点　(3)**6**点

(1) △ABO と △CDO の相似比を求めなさい。

[　　　　　]

(2) △ABO と △CDO の面積の比を求めなさい。

[　　　　　]

(3) △ABO の面積が36cm² のとき，△CDO の面積を求めなさい。

[　　　　　]

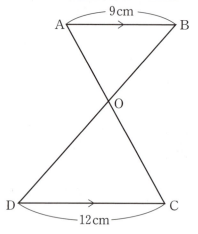

2 右の図の△ABC で，DE∥BC，DE：BC＝2：5 である。△ADE の面積が 8cm² のとき，台形DBCE の面積を次のように求めた。□ の中をうめなさい。

各**6**点

△ADE と △ABC の相似比は，

[　　:　　]

△ADE と △ABC の面積の比は，

[　　:　　]

△ADE と台形DBCE の面積の比は，

[　　:　　]

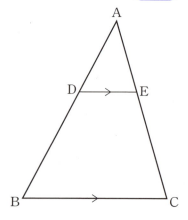

ヒント （台形DBCEの面積）＝（△ABCの面積）－（△ADEの面積）

台形DBCE の面積を S cm² とすると，8：S ＝ [　　:　　]

これを解いて，　　　　　　　　S ＝ [　　] （cm²）

60

3 右の図で，点D，Eはそれぞれ辺AB，ACの中点である。次の問いに答えなさい。 ……… 各 **6** 点

(1) △ABCと△ADEの相似比を求めなさい。

> **ヒント** 中点連結定理より，DE∥BC，DE=$\frac{1}{2}$BC

[   ]

(2) △ABCの面積は，△ADEの面積の何倍か求めなさい。

[   ]

(3) 台形DBCEと△ABCの面積の比を求めなさい。

[   ]

4 △ABCの辺AB，ACのそれぞれを3等分する点をDとE，FとGとする。△ADFの面積が6cm²のとき，四角形EBCGの面積を次のように求めた。□の中をうめなさい。 ……… 各 **6** 点

△ADFと△AEGと△ABCの相似比は，

[:   :   ]

△ADFと△AEGと△ABCの面積の比は，

[:   :   ]

△ADFと四角形DEGFの面積の比は，

[:   ]

△AEGと四角形EBCGの面積の比は，

[:   ]

△ADFと四角形DEGFと四角形EBCGの面積の比は，

[:   :   ]

よって，四角形EBCGの面積は，

[   ] cm²

30 相似な立体の表面積の比

1 1辺が2cmの立方体Aと，1辺が3cmの立方体Bがある。次の問いに答えなさい。 ……… (1)～(3) 各**8**点 (4) 各**7**点

(1) 立方体Aの表面積を求めなさい。

[　　　　　　　　　]

2cm　A

(2) 立方体Bの表面積を求めなさい。

[　　　　　　　　　]

3cm　B

(3) 立方体Aと立方体Bの表面積の比を求めなさい。

[　　　　　　　　　]

(4) 次の　　の中をうめなさい。

立方体Aと立方体Bの相似比は，[　　　:　　　]で，

立方体Aと立方体Bの表面積の比は，[　　　:　　　]である。

このことから，相似な立体の表面積の比は，相似比の[　　　　]に等しいことがわかる。

> **ポイント**
>
> 相似な立体の表面積の比は，相似比の2乗に等しい。

2 半径6cmの球と半径8cmの球の表面積の比を求めなさい。 ……… **7**点

ヒント 球はすべて相似である。

[　　　　　　　　　]

3 右の図のような，相似な2つの円柱A，Bがあり，Aの底面の半径は6cm，Bの底面の半径は8cmである。次の問いに答えなさい。 ······· **各8点**

(1) 円柱Aと円柱Bの高さの比を求めなさい。

[　　　　　　　　]

(2) 円柱Aと円柱Bの表面積の比を求めなさい。

6cm　　8cm

[　　　　　　　　]

(3) 円柱Aと円柱Bの側面積の比を求めなさい。

ヒント 側面積の比も，表面積の比と同じように相似比の2乗に等しい。

[　　　　　　　　]

4 次の問いに答えなさい。 ······· **各8点**

(1) 相似な2つの立体F，F′があり，FとF′の相似比は4：1である。F′の表面積はFの表面積の何倍か求めなさい。

[　　　　　　　　]

(2) 相似な2つの立体G，G′があり，GとG′の相似比は2：5である。Gの表面積が32cm^{2}のとき，G′の表面積を求めなさい。

[　　　　　　　　]

(3) 相似な2つの立体H，H′があり，HとH′の相似比は3：2である。Hの表面積が36cm^{2}のとき，H′の表面積を求めなさい。

[　　　　　　　　]

月　日　　点　　答えは別冊17ページ

1 1辺が2cmの立方体Aと，1辺が3cmの立方体Bがある。次の問いに答えなさい。 …… 各**6**点

(1) 立方体Aと立方体Bの相似比を求めなさい。

[　　　　　]

(2) 立方体Aの体積を求めなさい。

[　　　　　]

(3) 立方体Bの体積を求めなさい。

[　　　　　]

(4) 立方体Aと立方体Bの体積の比を求めなさい。

[　　　　　]

2 次の2つの立体AとBの相似比と体積の比を求めなさい。 …… [ ]各**6**点

(1)
　A．半径4cmの球
　B．半径2cmの球

相似比 [　　　　　]

体積の比 [　　　　　]

(2)
　A．3辺の長さが2cm，2cm，4cmの直方体
　B．3辺の長さが8cm，8cm，16cmの直方体

相似比 [　　　　　]

体積の比 [　　　　　]

(3)
　A．底面の直径が6cm，高さが6cmの円柱
　B．底面の直径が8cm，高さが8cmの円柱

相似比 [　　　　　]

体積の比 [　　　　　]

3 1辺が2cmの立方体Aと，1辺が k cmの立方体Bがある。次の問いに答えなさい。 ………… 各**5**点

(1) 立方体Aと立方体Bの相似比を求めなさい。

[   ]

(2) 立方体Aと立方体Bの体積の比を求めなさい。

[   ]

2cm

k cm

A   B

─●**Memo**覚えておこう●─

●**相似な立体の体積比**

 相似な立体の体積の比は，相似比の3乗に等しい。すなわち，

  相似比が $a:b$ のとき，体積の比は，$a^3:b^3$

4 相似な2つの立体A，Bがあり，相似比は2：3である。Aの体積が40cm³のとき，Bの体積を次のように求めた。 □ の中をうめなさい。 ……… 各**6**点

AとBの体積の比は，[：] であるから，Bの体積を V cm³とすると，次の比例式が成り立つ。

 $40:V=$ [：]

これを解いて，$V=$ [   ] (cm³)

5 次の問いに答えなさい。 ………… 各**6**点

(1) 相似な2つの円すいA，Bがあり，相似比は3：4である。Aの体積が54cm³のとき，Bの体積を求めなさい。

A   B

[   ]

(2) 2つの球C，Dがあり，Cの半径はDの半径の4倍である。Cの体積が320π cm³のとき，Dの体積を求めなさい。

[   ]

32 相似な立体の体積比②

月　日　　　点　　答えは別冊17ページ

1 相似な2つの円柱A，Bがあり，その高さの比は 2：3 である。次の問いに答えなさい。　　　各**6**点

(1)　AとBの表面積の比を求めなさい。

[　　　　　　　]

(2)　AとBの体積の比を求めなさい。

[　　　　　　　]

(3)　Aの体積が80cm³のとき，Bの体積を求めなさい。

[　　　　　　　]

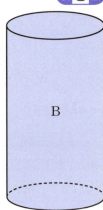

> **ポイント**
>
> 相似比が $a:b$ のとき，相似な立体の
> 　表面積の比は，$a^2:b^2$
> 　体積の比は，$a^3:b^3$

2 相似な2つの四角すいA，Bがあり，AとBの高さはそれぞれ9cmと12cmである。次の問いに答えなさい。　　　各**7**点

(1)　AとBの相似比を求めなさい。

[　　　　　　　]

(2)　AとBの底面積の比を求めなさい。

[　　　　　　　]

(3)　AとBの体積の比を求めなさい。

[　　　　　　　]

(4)　Aの体積が108cm³のとき，Bの体積を求めなさい。

[　　　　　　　]

A

9 cm

B
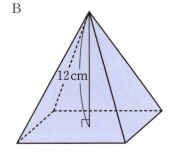
12 cm

66

3 相似な2つの角すいP，Qがあり，PとQの表面積の比は9：16である。次の問いに答えなさい。 ‥‥‥‥ 各**6**点

(1) PとQの相似比を求めなさい。

ヒント 9：16＝3^2：4^2

[　　　　　]

(2) PとQの体積の比を求めなさい。

[　　　　　]

(3) Pの体積が270cm³のとき，Qの体積を求めなさい。

[　　　　　]

4 円すいの形をした同じ容器A，Bにそれぞれ水が入っている。Aの水面の面積が20cm²，Bの水面の面積が45cm²である。次の問いに答えなさい。 ‥‥‥‥ 各**6**点

(1) AとBの水面の面積の比を求めなさい。

[　　　　　]

(2) AとBの容器の水の体積の比を求めなさい。

[　　　　　]

(3) Aの容器の水の体積が80cm³のとき，Bの容器の水の体積を求めなさい。

A　　　B

45cm²

20cm²

[　　　　　]

5 相似な3つの正四面体A，B，Cがあり，その1辺の長さはそれぞれ，8cm，12cm，24cmである。次の問いに答えなさい。 ‥‥‥‥ 各**6**点

(1) AとBとCの相似比を求めなさい。

[　　：　　：　　]

(2) AとBとCの表面積の比を求めなさい。

[　　：　　：　　]

(3) AとBとCの体積の比を求めなさい。

[　　：　　：　　]

相似な立体の体積比③

　　月　　日　　　　点　　答えは別冊17ページ

1 右の図のように，三角すいOABCの底面ABCに平行な平面Lが，辺OAを1:1の比に分けている。次の◻の中をうめなさい。　　　　**各7点**

三角すいODEFと三角すいOABCの相似比は，

◻ : ◻ であるから，

三角すいODEFと三角すいOABCの体積の比は，

◻ : ◻ である。

立体DEF–ABCは，三角すいOABCから，三角すいODEFを取り去ったものであるから，三角すいODEFと立体DEF–ABCの体積の比は，

◻ : ◻ となる。

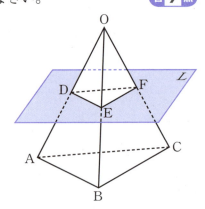

2 右の図で，平面L，Mはそれぞれ円すいの底面に平行で，円すいの高さOHを3等分している。このとき，平面L，Mで分けられた円すいの3つの部分を上から，P，Q，Rとする。次の問いに答えなさい。　　　　**各7点**

(1) Pともとの円すいの体積の比を求めなさい。

[　　]

(2) PとQの体積の比を求めなさい。

⚠注意 P:Q=1:8ではない。

[　　]

(3) PとQとRの体積の比を求めなさい。

💬ヒント PとP+Q，P+Q+R が相似な立体である。

[　: 　: 　]

68

3 右の図のように，円すいの底面に平行な平面Lが，円すいの高さを 2 : 3 の比に分けている。平面Lによって分けられた円すいの上の部分をP，下の部分をQとするとき，次の問いに答えなさい。 ⋯⋯⋯⋯⋯⋯⋯⋯⋯⋯⋯ **各7点**

(1) Pともとの円すいの相似比を求めなさい。

 2 : 3 ではない。

[　　　　　　　　]

(2) Pともとの円すいの体積の比を求めなさい。

[　　　　　　　　]

(3) PとQの体積の比を求めなさい。

[　　　　　　　　]

(4) もとの円すいの体積が 500 cm³ のとき，Qの体積を求めなさい。

[　　　　　　　　]

4 右の図のように，底面の直径が 9 cm，高さが 12 cm の円すいの容器がある。この容器に 8 cm の深さまで水を入れたとき，次の問いに答えなさい。 ⋯⋯⋯⋯⋯⋯⋯ (1)，(2) **各7点** (3)，(4) **各8点**

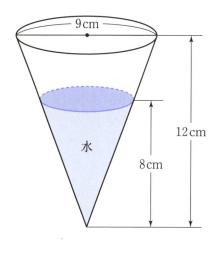

(1) 水面の面積を求めなさい。

[　　　　　　　　]

(2) 水の体積は容器の容積の何倍か求めなさい。

[　　　　　　　　]

(3) 水の体積を求めなさい。

[　　　　　　　　]

(4) この容器にはあと何 cm³ の水を入れることができるか求めなさい。

[　　　　　　　　]

右の図で，AB∥DC，AB＝8cm，DC＝10cmである。次の問いに答えなさい。

 各6点

(1) △ABOと△CDOの相似比を求めなさい。

[   ]

(2) △ABOと△CDOの面積の比を求めなさい。

[   ]

(3) △ABOの面積が16cm²のとき，△CDOの面積を求めなさい。

[   ]

2 右の図の△ABCで，BC∥DE，AB：BD＝2：1である。次の問いに答えなさい。

 各7点

(1) △ABCと△ADEの相似比を求めなさい。

[   ]

(2) △ABCと△ADEの面積の比を求めなさい。

[   ]

(3) △ABCの面積が16cm²のとき，台形BDECの面積を求めなさい。

[   ]

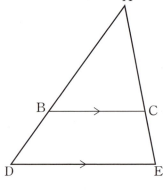

3 相似な2つの長方形A，Bがあり，AとBの面積の比は16：25である。長方形Aの周の長さが80cmのとき，長方形Bの周の長さを求めなさい。

7点

[   ]

4 右の図のような 2 つの直角三角形△ABC，△DEF がある。この三角形を辺 AB，DE をそれぞれ軸として 1 回転させてできる 2 つの円すいを P，Q とするとき，次の問いに答えなさい。 $\cdots\cdots$ 各 **7** 点

(1) P と Q の相似比を求めなさい。

[   ]

(2) P と Q の表面積の比を求めなさい。

[   ]

(3) P と Q の体積の比を求めなさい。

[   ]

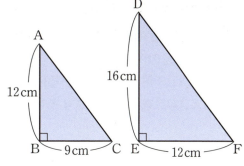

5 右の図で，四角すい O–ABCD の体積は 108 cm³ で，辺 OA を 3 等分する点を上から P，Q とする。点 P，Q を通り底面に平行な平面でこの四角すいを切り，3 つの立体 L，M，N に分けるとき，次の問いに答えなさい。 $\cdots\cdots$ 各 **7** 点

(1) L ともとの四角すいの体積の比を求めなさい。

[   ]

(2) L の体積を求めなさい。

[   ]

(3) L と M と N の体積の比を求めなさい。

[   ]

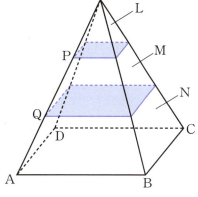

6 右の図のような，底面の直径が 24 cm，高さが 30 cm の円すいの容器がある。この容器に 20 cm の深さまで水を入れたとき，次の問いに答えなさい。 $\cdots\cdots$ 各 **6** 点

(1) 水面の円の半径を求めなさい。

[   ]

(2) 水の体積は，この容器の容積の何分のいくつか求めなさい。

[   ]

●Memo 覚えておこう●

●円周角と中心角

右の図の円Oで，

∠APBを，$\overset{\frown}{AB}$に対する円周角という。

∠AOBを，$\overset{\frown}{AB}$に対する中心角という。

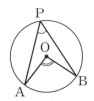

---

1 右の図で，∠APB（円周角）の大きさは，∠AOB（中心角）の大きさの半分であることを，次のように証明した。□の中をうめなさい。 ……… 各**8**点

ヒント 点Pを通る直径をひく。
円の半径を2辺とする二等辺三角形において，
その外角を考える。

点Pを通る円Oの直径PQをひき，

∠OPA＝∠a，∠OPB＝∠b とする。

△OPAは二等辺三角形だから，

　　∠OPA＝∠□＝∠a ……①

△OPBは二等辺三角形だから，

　∠OPB＝∠□＝∠b ……②

①より，∠AOQ＝∠OPA＋∠OAP＝□ ……③

②より，∠BOQ＝∠OPB＋∠OBP＝□ ……④

③，④より，

　　　　∠AOB＝∠AOQ＋∠BOQ

　　　　　　　＝2(□＋□)

図より，∠APB＝∠a＋∠b

よって，∠APB＝$\dfrac{1}{2}$∠AOB

したがって，円周角の大きさは中心角の大きさの半分である。

●**Memo** 覚えておこう●

●**円周角の定理**

 1つの弧に対する円周角の大きさは，その弧に対する中心角の大きさの半分である。同じ弧に対する円周角の大きさは等しい。

2 下の図の円Oで，∠xの大きさを求めなさい。 ························ 各**10**点

(1)

(2)
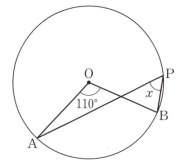

[   ]   [   ]

(3)

(4)
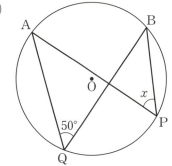

[   ]   [   ]

(5)

(6)
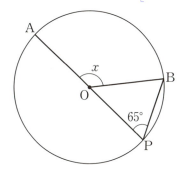

[   ]   [   ]

36 円周角②

1 下の図の円Oで，∠xの大きさを求めなさい。 ………… 各**8**点

(1)

(2)

(3)
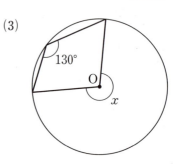

[　　　　]　　　　[　　　　]　　　　[　　　　]

(4)

(5)

(6)
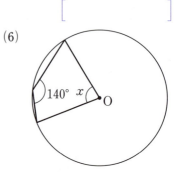

[　　　　]　　　　[　　　　]　　　　[　　　　]

2 下の図の円Oで，∠xの大きさを求めなさい。 ………… 各**8**点

(1)

(2)
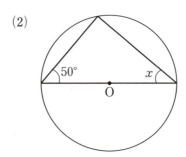

[　　　　]　　　　[　　　　]

3 下の図の円Oで，∠xの大きさを求めなさい。 ⋯⋯⋯⋯⋯⋯⋯⋯⋯⋯ 各**7**点

(1)

(2)

[   ]   [   ]

(3)

(4)

ヒント BとDを結ぶ。 [   ]   ヒント BとCを結ぶ。 [   ]

💡ポイント

半円の弧に対する円周角は90°である。

4 右の図のように，三角定規の直角のかどを円にあてながら，三角定規上の2点 A，Bが円周上を通るように動かしていくとき，円の中心Oを図にかき入れなさい。 ⋯⋯⋯⋯⋯⋯⋯⋯⋯⋯⋯⋯⋯⋯⋯⋯⋯⋯⋯⋯⋯⋯⋯⋯⋯⋯⋯⋯⋯⋯ **8**点

円周角③

 月　　日　　点

答えは別冊19ページ

1 次の □ にあてはまる(1)では言葉を，(2)では記号を書き入れなさい。

□ 各**5**点

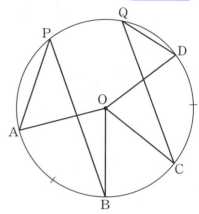

(1)　1つの円で長さの等しい弧に対する中心角，

　　□　は等しい。逆に，等しい中心角，円周角

　　に対する □ の長さは等しい。

(2)　右の図で，$\overset{\frown}{AB}=\overset{\frown}{CD}$ のとき，

　　　　$\angle AOB = \angle$ □

　　　　$\angle APB = \dfrac{1}{2}\angle$ □

　　　　$\angle CQD = \dfrac{1}{2}\angle$ □

　　　したがって，$\angle APB = \angle$ □

> **ポイント**
>
> 　1つの円で，長さが等しい弧に対する円周角は等しい。

2 2本の平行な直線と円が交わっているとき，2本の直線によって切り取られる $\overset{\frown}{AB}$ と $\overset{\frown}{DC}$ の長さは等しいことを，次のように証明した。□ の中をうめなさい。

□ 各**6**点

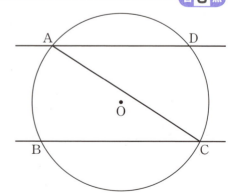

　円Oの周上に4点A，B，C，Dがあり，
AD∥BC であるとき，

　AとCを結ぶと，平行線の錯角は等しいから，

　　$\angle ACB = \angle$ □

　1つの円において，等しい円周角に対する弧
の長さは等しいから，

　　$\overset{\frown}{AB} =$ □

76

3 次の図で，xの値を求めなさい。 ……………………………………… 各**8**点

(1)

(2)

(3)
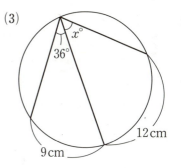

[   ]   [   ]   [   ]

(4)

(5)

(6)
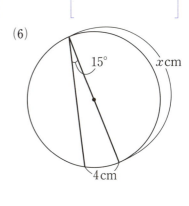

[   ]   [   ]   [   ]

4 右の図のように，ABを直径とする円Oで，円周上に2点C，Dを，∠BAC＝25°，∠ABD＝30°となるようにとる。このとき，弧の長さの比 $\overset{\frown}{BC}:\overset{\frown}{CD}$ をもっとも簡単な整数比で表しなさい。 …………………… **10**点

ヒント ∠AOD，∠BOC の大きさを求める。

[   ]

38 円周角④

1 右の図のように，円周上に 3 点 A，B，C をとる。線分 AB について点 C と同じ側に点 P をとり，∠APB と∠ACB の大きさを比べた。次の □ にあてはまる不等号または等号を書き入れなさい。 ……… **各5点**

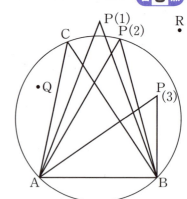

(1) 点 P が円の外部にあるとき，

∠APB □ ∠ACB

(2) 点 P が円周上にあるとき，

∠APB □ ∠ACB

(3) 点 P が円の内部にあるとき，

∠APB □ ∠ACB

(4) 右の図で，∠AQB □ ∠ACB

(5) 右の図で，∠ARB □ ∠ACB

●Memo 覚えておこう●

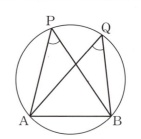

●円周角の定理の逆

　2 点 P，Q が線分 AB について

　同じ側にあるとき，∠APB＝∠AQB

　ならば，4 点 A，B，P，Q は，

　同一円周上にある。

2 右の図のように，円 O の円周上に点 A，B をとり，∠AOB＝110°とする。また，線分 AB について $\overset{\frown}{AB}$ と反対側に点 P をとる。∠APB が次の大きさのとき，点 P が円 O の内部にあるか，円周上にあるか，外部にあるかを答えなさい。 ……… **各5点**

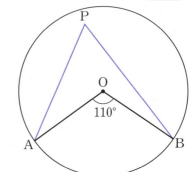

(1) ∠APB＝50°

[　　　　　]

(2) ∠APB＝55°

[　　　　　]

(3) ∠APB＝65°

[　　　　　]

3 下の図で，4点A，B，C，Dが1つの円周上にあるものには○，1つの円周上にないものには×を[ ]の中に書きなさい。 ········· 各**9**点

(1)

[   ]

(2)

[   ]

(3)

[   ]

(4)

[   ]

4 右の図の四角形ABCDで，∠ACB＝∠ADB である。次の問いに答えなさい。
········· 各**8**点

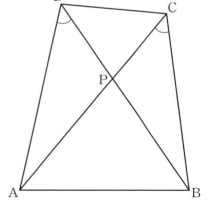

(1) ∠ABDと等しい角はどれか答えなさい。

[   ]

(2) ∠BACと等しい角はどれか答えなさい。

[   ]

(3) △DAPと相似な三角形はどれか答えなさい。

ヒント 2角が等しければ相似がいえる。

[   ]

39 円周角⑤

月　　日　　　　点　　　答えは別冊20ページ

1 円周上の 4 点を A，B，C，D，AC と BD の交点を E とするとき，
△ABE ∽ △DCE であることを，次のように証明した。□の中をうめなさい。

･･･････････････････････････ 各 **5** 点

△ ☐☐ と△ ☐☐ において，

$\overset{\frown}{BC}$ に対する円周角は等しいから，

∠ ☐☐ ＝∠ ☐☐ ……①

$\overset{\frown}{AD}$ に対する円周角は等しいから，

∠ ☐☐ ＝∠ ☐☐ ……②

①，②より，☐☐☐ がそれぞれ等しいから，

　△ABE ∽ △DCE

2 右の図のように，円周上に 4 点 A，B，C，D があり，$\overset{\frown}{AD} = \overset{\frown}{DC}$ である。AC
と BD の交点を E とするとき，△ABE ∽ △DBC を証明しなさい。 ･･･ **15** 点

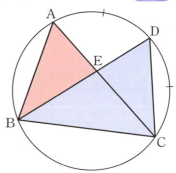

（証明）

80

3 円Oの外部の点Aと円Oの周上の点Pを通る接線APは，次のように作図することができる。

> ・AOを直径とする円をかき，円Oとの交点をPとする。
> ・直線APをひく。

この方法でひいた直線APが円Oの接線であることを，次のように証明した。□の中をうめなさい。 ‥‥‥‥‥ **各5点**

OとPを結ぶ。

PはAOを直径とする円の周上にあるから，

∠APO＝□

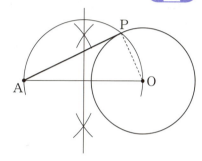

したがって，APは円Oの半径に□であるから，この円の接線である。

4 円O外の点Aから，円Oに接線がひけたとする。このとき，円との接点をP，P′とするとき，線分APとAP′の長さが等しいことを証明しなさい。 ‥ **20点**

> （証明） 点AとO，PとO，P′とOをそれぞれ結ぶ。

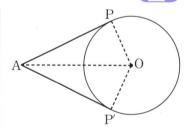

5 右の図で，4点A，B，C，Dは円Oの周上にあり，ADは円Oの直径である。また，頂点AからBCにひいた垂線をAEとする。このとき，△ADB∽△ACEであることを証明しなさい。 ‥‥‥‥‥ **20点**

（証明）

1 下の図の円Oで，∠xの大きさを求めなさい。　　　　各**6**点

(1)　　　　　　　(2)　　　　　　　(3)

[　　　　　]　　[　　　　　]　　[　　　　　]

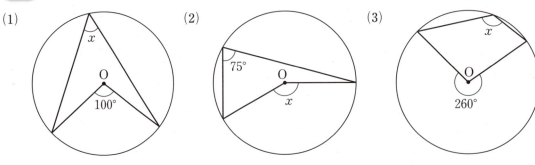

(4)　　　　　　　(5)　　　　　　　(6)

[　　　　　]　　[　　　　　]　　[　　　　　]

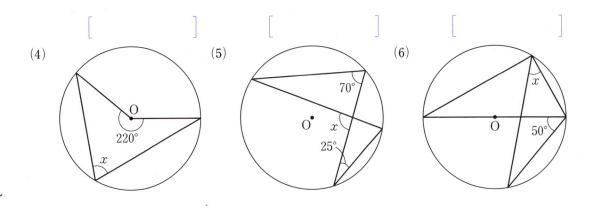

(7)　　　　　　　(8)　　　　　　　(9)

[　　　　　]　　[　　　　　]　　[　　　　　]

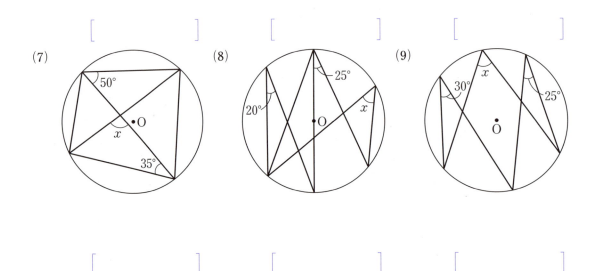

2 右の図で，4点A，B，C，Dは円Oの周上の点で，$\overset{\frown}{AC}=\overset{\frown}{BC}$ である。2つの弦ABとCDの交点をPとするとき，△ACP∽△DCA であることを証明しなさい。 ･･････････････････････････････ **10点**

(証明)

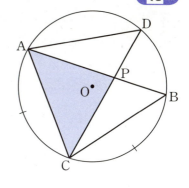

3 右の図で，BDは円Oの直径である。∠ADB＝50°，∠BDC＝65° のとき，次の問いに答えなさい。 ･･････････････････････ **各9点**

(1) ∠ABDの大きさを求めなさい。

[   ]

(2) ∠ACDの大きさを求めなさい。

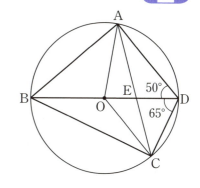

[   ]

(3) ∠AEBの大きさを求めなさい。

ヒント ∠AEB＝∠CED

[   ]

(4) ∠EAOの大きさを求めなさい。

ヒント △OABは二等辺三角形。

[   ]

41 三平方の定理①

1 ∠C＝90° の直角三角形ABCの各辺を1辺とする正方形をそれぞれ S_1，S_2，S_3 とするとき，次の問いに答えなさい。ただし，方眼の1目盛りを1cmとする。

[ ] 各 **6** 点

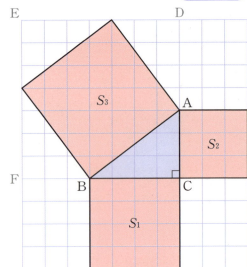

(1) S_1 の面積を求めなさい。

[　　　　　　　]

(2) S_2 の面積を求めなさい。

[　　　　　　　]

(3) S_3 の面積を求めなさい。

ヒント 正方形CDEFの面積から4つの
三角形の面積をひく。

[　　　　　　　]

(4) S_1，S_2，S_3 の関係を式で表しなさい。

[　　　　　　　]

(5) BC＝a，AC＝b，AB＝c とするとき，S_1，S_2，S_3 を a，b，c を使って表しなさい。

[$S_1=$　　　　] [$S_2=$　　　　] [$S_3=$　　　　]

(6) 上の(4)，(5)より，a，b，c の関係を式で表しなさい。

[　　　　　　　]

・**Memo** 覚えておこう●

● **三平方の定理**
　直角三角形で，斜辺を c，他の2辺を a，b とするとき，次の関係が成り立つ。
　　　$a^2+b^2=c^2$

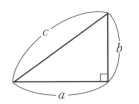

---

2 右の図で，$a=8$，$b=6$ のとき，c の値を求めよ。

6 点

[　　　　　　　]

3 右の図のように，正方形DBAEの外側に△ABCと合同な直角三角形をかき加えると，正方形FGCHができる。このことを使って，三平方の定理を次のように証明した。□の中をうめなさい。 ••••••••••••••••••••••••••••••••••• 各**6**点

BC＝a，CA＝b とする。

正方形FGCHの面積を a，b を使って表すと，

$$\left(\boxed{}\right)^2 \cdots\cdots①$$

△BDGの面積を a，b を使って表すと，

$$\boxed{}$$

BD＝c とする。

正方形DBAEの面積とまわりの4つの直角三角形の面積の和は，次のように表される。

$$c^2+\boxed{}\times4 \cdots\cdots②$$

①，②より，次の式が成り立つ。

$$(a+b)^2=\boxed{}$$

この式の左辺を展開して，$a^2+2ab+b^2=\boxed{}$

よって，$a^2+b^2=\boxed{}$

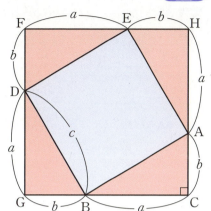

4 右の図は，∠C＝90°の直角三角形ABCの各辺を1辺とする正方形をかいたものである。正方形BDECの面積が60cm²，正方形CFGAの面積が40cm²のとき，次の問いに答えなさい。 ••••••••••••••••••••••• 各**5**点

(1) 正方形AHIBの面積を求めなさい。

ヒント 三平方の定理を使う。

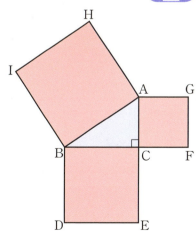

[　　　　　　]

(2) ABの長さを求めなさい。

[　　　　　　]

1 右の図は，∠C＝90°の直角三角形ABCである。次の問いに答えなさい。

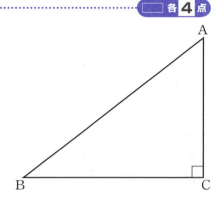

各**4**点

(1) 次の□の中をうめなさい。

より，

$$AB^2 = \boxed{} + AC^2$$

$$BC^2 = \boxed{} - AC^2$$

$$AC^2 = AB^2 - \boxed{}$$

(2) BC＝8cm，AC＝6cm のとき，ABの長さを次のように求めた。□の中をうめなさい。

三平方の定理より，$AB^2 = BC^2 + AC^2$ だから，AB＝$x$cm とすると，

$$x^2 = 8^2 + \boxed{}^2$$

$$= \boxed{}$$

$x > 0$ であるから，$x = \boxed{}$

(3) AB＝7cm，BC＝$\sqrt{13}$cm のとき，ACの長さを次のように求めた。□の中をうめなさい。

三平方の定理より，$AC^2 = AB^2 - BC^2$ だから，AC＝$x$cm とすると，

$$x^2 = \boxed{}^2 - (\sqrt{13})^2 = \boxed{}$$

$x > 0$ であるから，$x = \boxed{}$

📍ポイント

直角三角形の斜辺（直角に向かいあう辺）を c，他の2辺を a，b とするとき，次の式が成り立つ。

$$c^2 = a^2 + b^2 \qquad a^2 = c^2 - b^2 \qquad b^2 = c^2 - a^2$$

次の図の直角三角形で，x，y，zの値を求めなさい。 ⋯⋯⋯⋯⋯ 各**10**点

(1)

(2)

(3)

 答えは根号のついた数になる。

$\begin{bmatrix} x= & \end{bmatrix}$ $\begin{bmatrix} y= & \end{bmatrix}$ $\begin{bmatrix} z= & \end{bmatrix}$

 次のような直角三角形ABCについて，残りの辺の長さを求めなさい。

⋯⋯⋯⋯⋯⋯⋯⋯⋯⋯⋯⋯⋯⋯⋯⋯⋯⋯⋯⋯ 各**10**点

(1) ∠A＝90°，CA＝9cm，AB＝12cm のときの，BCの長さ

ヒント 自分で図をかいて，斜辺がどこになるかを見つける。

$\begin{bmatrix} & \end{bmatrix}$

(2) ∠C＝90°，AB＝4cm，BC＝2cm のときの，CAの長さ

$\begin{bmatrix} & \end{bmatrix}$

(3) ∠B＝90°，AB＝$\sqrt{7}$ cm，BC＝3cm のときの，CAの長さ

$\begin{bmatrix} & \end{bmatrix}$

ポイント ⋯⋯⋯⋯⋯⋯⋯⋯⋯⋯⋯⋯⋯⋯⋯⋯⋯⋯⋯⋯⋯⋯⋯⋯⋯⋯

直角三角形ABCで，90°の角に対する辺が斜辺となる。

43 三平方の定理③

月　　日　　点　　

答えは別冊22ページ

1 下の図の直角三角形で，x の値を求めなさい。 ……………… 各**8**点

(1)

(2)
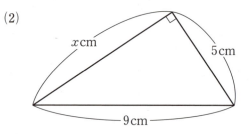

[　　　　　　]　　　　　　[　　　　　　]

2 右の図のように，直角三角形ABCの頂点Aから辺BCへ垂線AHをひく。
AB＝20cm，AC＝15cm のとき，次の問いに答えなさい。 ……………… 各**8**点

(1) BCの長さを求めなさい。

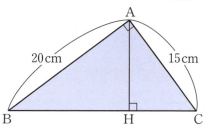

[　　　　　　]

(2) △ABC ∽△HBA である。相似比を求めなさい。

[　　　　　　]

(3) AHの長さを求めなさい。

[　　　　　　]

(4) △HACの面積を求めなさい。

[　　　　　　]

3 右の図は，AB＝AC＝10 cm，BC＝12 cm の二等辺三角形ABCである。次の問いに答えなさい。 .... 各 8 点

(1) 高さ AH を求めなさい。

[   ]

(2) △ABC の面積を求めなさい。

[   ]

4 右の図は，∠C＝∠D＝90°，AD＝9 cm，BC＝15 cm，BD＝17 cm の台形である。次の問いに答えなさい。 .... 各 9 点

(1) CD の長さを求めなさい。

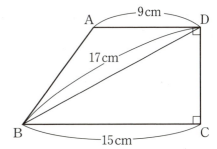

[   ]

(2) AB の長さを求めなさい。

ヒント A から BC に垂線をひく。

[   ]

5 縦 4 m，横 6 m の長方形の花壇を，右の図のように，線分ABで区切ることにした。次の問いに答えなさい。 .... 各 9 点

(1) AB の長さを求めなさい。

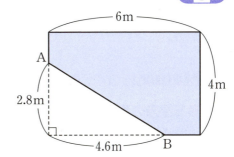

[   ]

(2) 区切ったあとの花壇の周囲の長さを求めなさい。

[   ]

三平方の定理の逆

1 △ABCの3辺の長さ a，b，c の間に，$a^2+b^2=c^2$ という関係が成り立つとき，∠C＝90°となること（三平方の定理の逆という）を，次のように証明した。□ の中をうめなさい。

 各**8**点

 $a^2+b^2=c^2$ が成り立つ直角三角形と，直角をはさむ辺が a，b である三角形が合同であることをいえばよい。

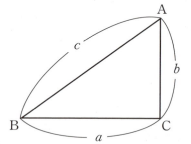

$a^2+b^2=c^2$ が成り立つ△ABCと，EF＝a，DF＝b，∠F＝90°である直角三角形DEFを考える。

DE＝x とすると，

△DEFにおいて，三平方の定理より，

a^2+ ☐ $=x^2$ ……①

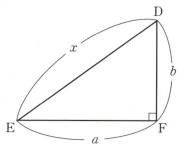

一方，△ABCにおいて，

☐ $=c^2$ ……②

①，②より，$x^2=$ ☐

$x>0$，$c>0$ であるから，$x=c$

したがって，☐ がそれぞれ等しいから，

△ABC≡△DEF

したがって，∠C＝ ☐ °

●**Memo** 覚えておこう●

● **三平方の定理の逆**

△ABCの3辺の長さ a，b，c の間に，$a^2+b^2=c^2$ という関係が成り立てば，∠C＝90°

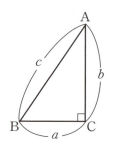

2 次の長さを3辺とする直角三角形ABCで，直角となるのはどの角か答えなさい。 ………………… 各**8**点

(1) AB＝10cm，BC＝8cm，CA＝6cm

[   ]

(2) AB＝6cm，BC＝9cm，CA＝3$\sqrt{5}$ cm

[   ]

(3) AB＝$\sqrt{3}$ cm，BC＝4cm，CA＝$\sqrt{19}$ cm

[   ]

3 下の図の△ABCにおいて，直角三角形であるときは〇，そうでないときは×を，[   ]の中に書きなさい。 ………………… 各**9**点

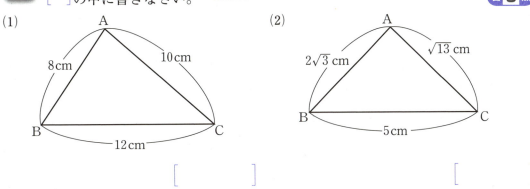

(1)

A
8cm
10cm
B
12cm
C

(2)

A
2$\sqrt{3}$ cm
$\sqrt{13}$ cm
B
5cm
C

[   ]   [   ]

4 次の長さを3辺とする三角形のうち，直角三角形はどれか，記号で答えなさい。 ………………… 各**9**点

(1) A．2cm，3cm，4cm
B．5cm，10cm，12cm
C．8cm，15cm，17cm

[   ]

(2) A．$\sqrt{3}$ cm，$\sqrt{5}$ cm，$\sqrt{7}$ cm
B．$\sqrt{2}$ cm，2$\sqrt{2}$ cm，$\sqrt{10}$ cm
C．$\sqrt{3}$ cm，2cm，$\sqrt{5}$ cm

[   ]

45 特別な辺の比の直角三角形①

1 右の図は，1辺が2cmの正三角形ABCである。頂点Aから辺BCにひいた垂線とBCとの交点をDとするとき，次の問いに答えなさい。

□, [ ] 各**7**点

(1) ∠BADの大きさを求めなさい。

ヒント　ADはBCの垂直二等分線である。

[　　　　　　　]

(2) BDの長さを求めなさい。

[　　　　　　　]

(3) ADの長さを求めなさい。

[　　　　　　　]

(4) 右の図の直角三角形ABDでは，次の関係が成り立つ。□の中をうめなさい。

AB：BD：DA＝ [　　：1：　　]

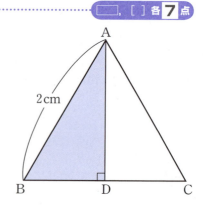

─ ●**Memo** 覚えておこう● ─

● **60°の角をもつ直角三角形の3辺の長さの比**

　90°，30°，60°の直角三角形の辺の比は

　　　2：1：√3

　である。

2 右の図は，直角三角形ABCである。次の問いに答えなさい。　各**6**点

(1) x の値を求めなさい。

[　　　　　　　]

(2) y の値を求めなさい。

[　　　　　　　]

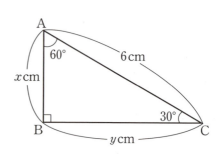

3 下の図の直角三角形で，x，y，zの値を求めなさい。 ‥‥‥‥‥‥ 各**6**点

(1)

$x$cm

60°

5cm

(2)

12cm

30°

$y$cm

(3)

$z$cm

$4\sqrt{3}$cm

60°

$\Big[\ x=\hspace{3em}\Big]$ $\Big[\ y=\hspace{3em}\Big]$ $\Big[\ z=\hspace{3em}\Big]$

4 下の図はいずれも正三角形である。x，y，zの値を求めなさい。

‥‥‥‥‥‥ 各**7**点

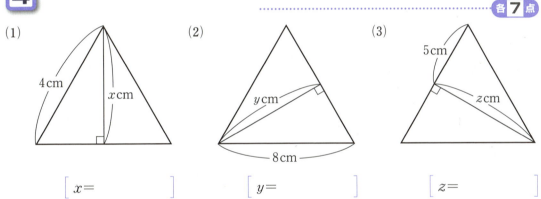

(1)

4cm

$x$cm

(2)

$y$cm

8cm

(3)

5cm

$z$cm

$\Big[\ x=\hspace{3em}\Big]$ $\Big[\ y=\hspace{3em}\Big]$ $\Big[\ z=\hspace{3em}\Big]$

5 右の図は，AD∥BC，AD＝6cm，BC＝18cm，AB＝DC＝12cmの台形 ABCDである。点Aから辺BCに垂線AHをひくとき，次の問いに答えなさい。

‥‥‥‥‥‥ 各**7**点

(1) BHの長さを求めなさい。

$\Big[\hspace{5em}\Big]$

(2) AHの長さを求めなさい。

$\Big[\hspace{5em}\Big]$

(3) ∠ABHの大きさを求めなさい。

$\Big[\hspace{5em}\Big]$

A 6cm D

12cm

12cm

B H C

18cm

特別な辺の比の直角三角形②

1 右の図は，1辺1cmの正方形ABCDに，対角線ACをかき入れたものである。
次の問いに答えなさい。   □，[ ] 各**7**点

(1) ∠BACの大きさを求めなさい。

[　　　　　　　]

(2) 対角線ACの長さを求めなさい。

ヒント 三平方の定理を利用する。

[　　　　　　　]

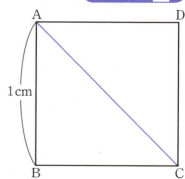

(3) 右の図の直角二等辺三角形ABCでは，次の関係が成り立つ。□の中をうめなさい。

AB：BC：AC＝ | 1：　　　　：　　　　 |

┌─●**Memo** 覚えておこう●──────────────────────

　●**直角二等辺三角形の3辺の長さの比**
　　90°，45°，45°の直角二等辺三角形の辺の比は，
　　　1：1：√2
　　である。

└──

2 下の図の直角三角形で，x の値を求めなさい。 各**8**点

(1)

(2)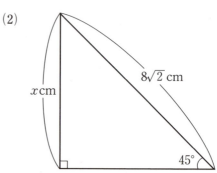

[　　　　　　　] 　　　　 [　　　　　　　]

3 下の図は，いずれも AB＝AC，∠A＝90° の直角二等辺三角形ABCである。x，y，zの値を求めなさい。 ········· 各**7**点

(1)

$x$cm

A ── $\sqrt{2}$ cm ── B

(2)

$y$cm

B ── 3cm ── C

(3)

4cm

$z$cm

A ── B

⚠注意 答えは，分母に $\sqrt{}$ をふくまない形にする。

$\Big[\ x=\Big]$　　$\Big[\ y=\Big]$　　$\Big[\ z=\Big]$

4 右の図は，∠A＝90°，AC＝1cm の直角二等辺三角形ABCの外側に，斜辺BCを1辺とする直角二等辺三角形CBDをかき，さらに同様にして，直角二等辺三角形DBE，EBFをかいたものである。次の問いに答えなさい。 ········· 各**7**点

(1) CDの長さを求めなさい。

$\Big[\Big]$

(2) DE の長さを求めなさい。

$\Big[\Big]$

1cm

A ── B ────────── F

(3) BF の長さを求めなさい。

$\Big[\Big]$

5 右の図の直角三角形ABCで，∠B＝30°，∠C＝90°，AC＝DC，AB＝6cm である。このとき，次の辺の長さを求めなさい。 ········· 各**7**点

(1) AC

$\Big[\Big]$

6cm

(2) AD

$\Big[\Big]$

30°

B ── D ── C

(3) BD

$\Big[\Big]$

特別な辺の比の直角三角形③

1 下の図で，x の値を求めなさい。　　　　　　　　　　　　各**8**点

(1)　∠A＝30°，∠C＝90°　　(2)　AB＝BC＝CA，CH⊥AB　(3)　AB＝AC，∠A＝90°

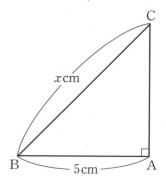

[　　　　　]　　　　　　　[　　　　　]　　　[　　　　　]

(4)　AB＝AC，∠A＝90°　　　　(5)　∠A＝90°，∠C＝60°

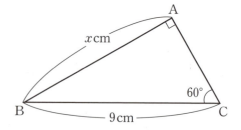

[　　　　　]　　　　　　　　　　[　　　　　]

2 右の図は，1組の三角定規を組み合わせたものである。ABの長さを求めなさい。 ……… **10点**

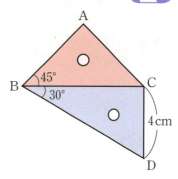

[   ]

3 AD∥BC，∠B＝∠C＝60°，AD＝4cm，BC＝10cm の台形ABCDで，頂点Aから辺BCにひいた垂線をAHとするとき，次の問いに答えなさい。 ……… 各**10点**

(1) BHの長さを求めなさい。

[   ]

(2) ABの長さを求めなさい。

[   ]

(3) 台形ABCDの周の長さを求めなさい。

[   ]

4 右の図は，AB＝8cm，AC＝5cm，∠B＝30°の△ABCである。次の問いに答えなさい。 ……… 各**10点**

(1) 頂点AからBCにひいた垂線AHの長さを求めなさい。

[   ]

(2) △ABCの面積を求めなさい。

[   ]

三平方の定理の応用①

1 右の図は，正方形ABCDに対角線ACをかき入れたものである。次の問いに答えなさい。 ……………………………… 各**8**点

(1) 正方形の1辺の長さを1とするとき，対角線ACの長さを求めなさい。

> **ヒント** △ABCは，90°，45°，45°の直角二等辺三角形

[　　　　　　　　]

(2) 正方形の1辺の長さをaとするとき，対角線ACの長さを求めなさい。

[　　　　　　　　]

A　　　　　　　D

B　　　　　　　C

> **ポイント**
>
> 1辺の長さがaの正方形の対角線の長さ……$\sqrt{2}\,a$

2 次の問いに答えなさい。 ………………………………… 各**7**点

(1) 1辺が8cmの正方形の対角線の長さを求めなさい。

[　　　　　　　　]

(2) 1辺が$3\sqrt{2}$cmの正方形の対角線の長さを求めなさい。

[　　　　　　　　]

対角線

(3) 対角線の長さが$4\sqrt{2}$cmの正方形の1辺の長さを求めなさい。

[　　　　　　　　]

(4) 対角線の長さが16cmの正方形の1辺の長さを求めなさい。

[　　　　　　　　]

98

3 右の図は，縦の長さが a，横の長さが b の長方形に対角線をかき入れたものである。次の問いに答えなさい。 ････････････････････ 各**8**点

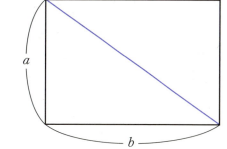

(1) 対角線の長さを c とするとき，a^2，b^2，c^2 の関係を式で表しなさい。

　　　　　　　[　　　　　　　　　]

(2) c を a，b を使って表しなさい。

　　　$c=$ [　　　　　　　　　]

(3) $a=4$，$b=5$ のとき，対角線の長さを求めなさい。

　　　　　　　　　　　　[　　　　　　　　]

> **ポイント**
>
> 縦の長さが a，横の長さが b の長方形の対角線の長さ……$\sqrt{a^2+b^2}$

4 次の問いに答えなさい。 ････････････････････ 各**8**点

(1) 縦が $9\,$cm，横が $11\,$cm の長方形の対角線の長さを求めなさい。

　　　　　　　[　　　　　　　　]

(2) 縦が $2\sqrt{3}\,$cm，横が $2\sqrt{6}\,$cm の長方形の対角線の長さを求めなさい。

　　　　　　　[　　　　　　　　]

5 右の図は，1辺が $6\,$cm で，$\angle A=120°$ のひし形 ABCD である。次の問いに答えなさい。 ････････････････････ 各**8**点

(1) 対角線 AC の長さを求めなさい。

　　　　　　　[　　　　　　　　]

(2) 対角線 BD の長さを求めなさい。

　　　　　　　[　　　　　　　　]

月　　日　　点　答えは別冊25ページ

1 右の図は，1辺の長さが1の正三角形ABCである。頂点Aから辺BCに垂線 AHをひくとき，次の問いに答えなさい。 ・・・・・・・・・・・・・・・・・・・・各**7**点

(1) ∠BAHの大きさを求めなさい。

[　　　　　]

(2) BHの長さを求めなさい。

[　　　　　]

(3) AHの長さを求めなさい。

[　　　　　]

(4) △ABCの面積を求めなさい。

[　　　　　]

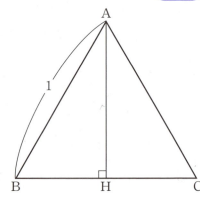

2 右の図は，1辺の長さが a の正三角形ABCである。頂点Aから辺BCに垂線 AHをひくとき，次の問いに答えなさい。 ・・・・・・・・・・・・・・・・・・・・各**8**点

(1) AHの長さを求めなさい。

[　　　　　]

(2) △ABCの面積を求めなさい。

[　　　　　]

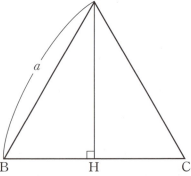

ポイント

● 1辺が a の正三角形の高さと面積

高さ…… $\dfrac{\sqrt{3}}{2}a$ 　　面積… $\dfrac{\sqrt{3}}{4}a^2$

3 次の正三角形の高さを求めなさい。 ··· 各**8**点

(1) 1辺が4cmの正三角形

[　　　　　　　]

(2) 1辺が$2\sqrt{3}$cmの正三角形

[　　　　　　　]

高さ

4 次の正三角形の面積を求めなさい。 ··· 各**8**点

(1) 1辺が10cmの正三角形

[　　　　　　　]

(2) 1辺が$4\sqrt{3}$cmの正三角形

[　　　　　　　]

5 右の図は，半径$2\sqrt{3}$cmの円Oの周上にある3点A，B，Cを頂点とする正三角形ABCである。頂点Aから辺BCに垂線AHをひくとき，次の問いに答えなさい。 ··· 各**8**点

(1) AHの長さを求めなさい。

ヒント △OBHは，90°，30°，60°の直角三角形だから，辺の比は$2:1:\sqrt{3}$

[　　　　　　　]

(2) 正三角形ABCの1辺の長さを求めなさい。

[　　　　　　　]

(3) 正三角形ABCの面積を求めなさい。

[　　　　　　　]

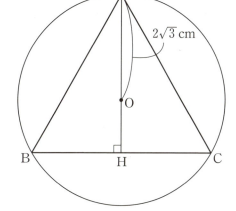

$2\sqrt{3}$ cm

50 三平方の定理の応用③

月　　日　　　　点　　答えは別冊25ページ

1 半径5cmの円Oで，中心Oからの距離が3cmである弦ABの長さを，次のように求めた。☐の中をうめなさい。・・・・・・・・・・・・・・・・・・・・各**8**点

中心Oから弦ABにひいた垂線とABとの交点をHとすると，Hは弦ABの中点であるから，AB＝2AHである。

AH＝ x cm とすると，△OAHは直角三角形だから，$AH^2 + OH^2 = OA^2$

$$x^2 + \boxed{}^2 = 5^2$$

$$x^2 = \boxed{}$$

$x > 0$ であるから，$x = \boxed{}$

したがって，$AB = 2 \times \boxed{} = \boxed{}$ （cm）

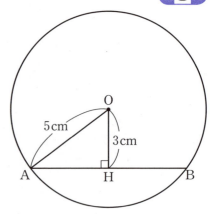

ポイント

半径 r の円Oの中心からの距離が d である弦の長さを ℓ とすると，
$$\ell = 2\sqrt{r^2 - d^2}$$

2 次の問いに答えなさい。・・・・・・・・・・・・・・・・・・・・各**8**点

(1) 半径17cmの円で，中心からの距離が5cmである弦の長さを求めなさい。

[　　　　　　　]

(2) 半径5cmの円に長さ6cmの弦をひいた。この弦から円の中心までの距離を求めなさい。

[　　　　　　　]

102

3 右の図のように，半径10cmの円Oに弦ABをひいた。∠AOB＝120°のとき，次の問いに答えなさい。 ･･････････････････････ 各**9**点

(1) 弦ABの長さを求めなさい。

> **ヒント** OからABにひいた垂線をOPとすると△OAPは直角三角形である。

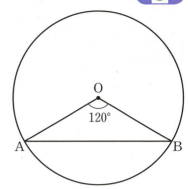

[　　　　　　　]

(2) △OABの面積を求めなさい。

[　　　　　　　]

4 右の図のように，半径5cmの円Oに，中心からの距離が10cmである点Pから円Oに接線をひき，接点をAとする。接線PAの長さを求めなさい。 ･･････････ **8**点

> **ヒント** 接点を通る円の半径と円の接線は垂直である。

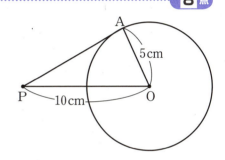

[　　　　　　　]

5 次の問いに答えなさい。 ･･････････････････････ 各**9**点

(1) 右の図のように，半径5cmの円O外の点Pから円Oに接線をひき，接点をAとする。PA＝12cmのとき，POの長さを求めなさい。

[　　　　　　　]

(2) 点Oを中心とする大小2つの円があり，半径は3cmと5cmである。小さい円の周上の点を通る接線と大きい円との交点を，右の図のようにA，Bとする。弦ABの長さを求めなさい。

[　　　　　　　]

1 右の図のように，ABを直径とする半円Oがある。半円Oの周上の点Pを通る
接線と，A，Bを通る半円Oの接線との交点をそれぞれC，Dとする。
AC＝8cm，BD＝2cmのとき，直径ABの長さを次のように求めた。　　の中をうめなさい。 ………………………………………………………… 各**5**点

点DからACに垂線DQをひいて，直角三角形
CQDをつくる。

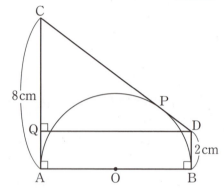

　CP＝CA＝　　　cm

　DP＝DB＝　　　cm

よって，CD＝CP＋DP＝　　　（cm）

　　CQ＝CA－QA＝　　　（cm）

したがって，直角三角形CQDにおいて，三平方の定理より，

　AB＝QD＝$\sqrt{CD^2 - CQ^2}$ ＝　　　（cm）

2 右の図のように，ABを直径とする円Oの周上に，A，Bとは異なる点Cをとり，
点Bにおける円Oの接線と直線ACとの交点をDとする。円Oの半径が4cm，
∠BAD＝30°のとき，斜線部分の面積を求めなさい。 …………………… **15**点

ヒント　OとCを結ぶ。OからACに垂線OH
　　　をひくと，△AOH≡△COH がいえる。

3 右の図のように，4点A，B，C，Dは円Oの周上の点で，ADは直径である。円Oの半径を5cm，AB＝8cm，AC＝5cmとするとき，次の問いに答えなさい。 ・・・・・・・・・・・・・・・・・・・・・・・・・・・ 各 **15** 点

(1) BDの長さを求めなさい。

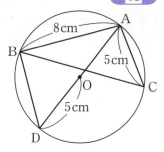

［　　　　　　　　］

(2) AからBCに垂線をひくことにより，△ABCの面積を求めなさい。

［　　　　　　　　］

4 右の図のように，半径が13cmの球を，中心Oから5cmの距離にある平面で切ったとき，切り口の円の面積を求めなさい。 ・・・・・・・・・・・・・・・ **15** 点

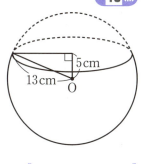

［　　　　　　　　］

5 高さが8cmの円すいに，右の図のように半径が3cmの球Oがちょうどぴったり入っている。点D，Eは球と円すいの接点である。この円すいの底面の円の半径を求めなさい。 ・・・・・・・・・・・・・・・ **15** 点

［　　　　　　　　］

月　日　　点　　答えは別冊26ページ

1 右の図は，AD∥BC，AD＝AB＝6cm，BC＝10cm の台形ABCDである。頂点Aから辺BCにひいた垂線と辺BCとの交点をHとすると，BH＝3cm である。次の問いに答えなさい。　　　　　　　　　　各**8**点

(1) 台形ABCDの面積を求めなさい。

[　　　　　　　]

(2) 辺CDの長さを求めなさい。

[　　　　　　　]

2 右の図は，1辺が8cmのひし形ABCDである。対角線ACの長さが6cmのとき，次の問いに答えなさい。　　　　　各**8**点

(1) 対角線BDの長さを求めなさい。

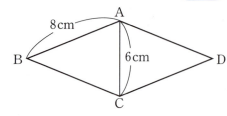

[　　　　　　　]

(2) ひし形ABCDの面積を求めなさい。

[　　　　　　　]

(3) 頂点Aから辺BCにひいた垂線と辺BCとの交点をHとするとき，線分BHの長さを求めなさい。

[　　　　　　　]

3 ∠A＝90°，OA＝AB＝2cm の直角二等辺三角形OABを，右の図のように，点Oを中心として60°回転させてできた三角形を△OA'B' とする。このとき，O，B，B' を頂点とする三角形の面積を求めなさい。 ‥‥‥‥ **20点**

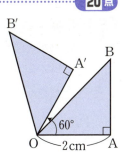

[　　　　　　　]

4 右の図の△ABCで，Hは頂点Aから辺BCにひいた垂線と辺BCとの交点である。BH＝9cm，CH＝4cm，AB²：AC²＝9：4 のとき，次の問いに答えなさい。 ‥‥‥‥ **各10点**

(1) AH＝$x$cm として，x についての比例式をつくりなさい。

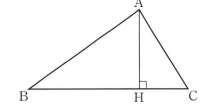

> **ヒント** $AB^2＝AH^2＋BH^2$

[　　　　　　　]

(2) (1)の比例式を解いて，AHの長さを求めなさい。

[　　　　　　　]

5 右の図のように，1辺が8cmの正方形ABCDの紙を，頂点Bが辺ADの中点Mに重なるように折り返した。そのときの折り目の線分をPQとする。線分MPの長さを求めなさい。 ‥‥‥‥ **20点**

> **ヒント** MP＝BP＝$x$cm とする。

[　　　　　　　]

月　　日　　点　　答えは別冊27ページ

1 座標平面上に2点P(2，3)，Q(7，6)があるとき，PQ間の距離を次のようにして求めた。□の中をうめなさい。 ………… 各6点

点P，Qを通り，x軸，y軸に平行な直線をそれぞれひいて，直角三角形PQRをつくる。

PR=□−2

QR=□−3

$PQ^2 = PR^2 + QR^2$ だから，

$PQ^2 = □^2 + □^2$

$PQ = \sqrt{□}$

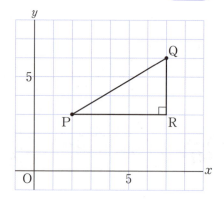

2 座標平面上に3点A(4，3)，B(1，−2)，C(−2，0)があるとき，次の問いに答えなさい。 ………… 各6点

(1) A，B間の距離を求めなさい。

[　　　　　]

(2) B，C間の距離を求めなさい。

[　　　　　]

(3) A，C間の距離を求めなさい。

[　　　　　]

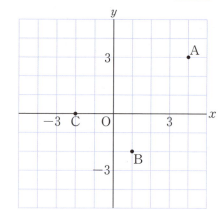

─●**Memo**覚えておこう●──

● **2点** $P(x_1, y_1)$，$Q(x_2, y_2)$ **があるとき，**
　2点間の距離を d **とすると，**
　　$d = \sqrt{(x_2 - x_1)^2 + (y_2 - y_1)^2}$

108

3 右の座標平面上の地図で，次の問いに答えなさい。ただし，方眼の１目盛りを
１ｍとする。 ………………………………………………………… 各**7**点

(1) A，B間の距離を求めなさい。

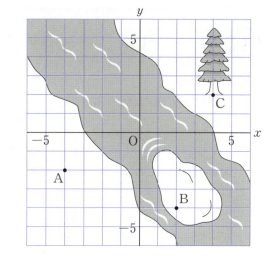

[   ]

(2) B，C間の距離を求めなさい。

[   ]

(3) C，A間の距離を求めなさい。

[   ]

(4) ３点A，B，Cを結んでできる△ABCはどのような三角形か答えなさい。

[   ]

4 右の図のように，関数 $y=x^2$ のグラフ上に２点A，Bがある。A，Bの x 座標
がそれぞれ３，−１であるとき，次の問いに答えなさい。 ………… [ ] 各**6**点

(1) ２点A，Bの座標を求めなさい。

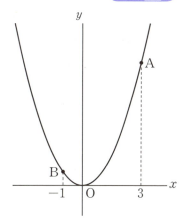

A [   ]

B [   ]

(2) ２点A，B間の距離を求めなさい。

[   ]

(3) ３点A，B，Oを結んでできる△ABOの面積を求めなさい。

[   ]

54 三平方の定理の応用⑦

1 右の図の立方体について，次の問いに答えなさい。 ………… 各**8**点

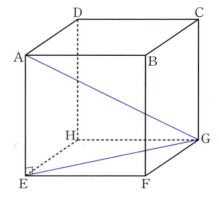

(1) 立方体の1辺の長さを1とするとき，線分EGの長さを求めなさい。

[　　　　　　　]

(2) 立方体の1辺の長さを1とするとき，対角線AGの長さを求めなさい。

ヒント △AEGは，∠AEG＝90°の直角三角形。

[　　　　　　　]

(3) 立方体の1辺の長さを a とするとき，線分EGの長さを求めなさい。

[　　　　　　　]

(4) 立方体の1辺の長さを a とするとき，対角線AGの長さを求めなさい。

[　　　　　　　]

 ポイント

1辺の長さが a である立方体の対角線の長さ …… $\sqrt{a^2+a^2+a^2}=\sqrt{3}\,a$

2 次の立方体の対角線の長さを求めなさい。 ………… 各**8**点

対角線

(1) 1辺が2cmの立方体

[　　　　　　　]

(2) 1辺が $\sqrt{3}$ cmの立方体

[　　　　　　　]

3 右の図は，AE＝3cm，EF＝4cm，FG＝5cmの直方体である。次の問いに答えなさい。 ········· 各**8**点

(1) 線分EGの長さを求めなさい。

[   ]

(2) 直方体の対角線AGの長さを求めなさい。

ヒント △AEGは，∠AEG＝90°の直角三角形。

[   ]

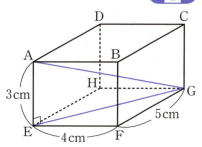

4 右の図は直方体である。FG＝a，EF＝b，AE＝cとするとき，次の問いに答えなさい。 ········· 各**9**点

(1) 線分EGの長さを，a，bを使って表しなさい。

[   ]

(2) 対角線AGの長さを，a，b，cを使って表しなさい。

ヒント 直角三角形AEGで考える。

[   ]

▶ポイント ·······························

3辺の長さが，a，b，cの直方体の対角線の長さ······$\sqrt{a^2+b^2+c^2}$

5 次の直方体の対角線の長さを求めなさい。 ········· 各**9**点

(1) 3辺の長さが4cm，5cm，7cmの直方体

[   ]

(2) 3辺の長さが10cm，10cm，5cmの直方体

[   ]

月　日　　点　答えは別冊28ページ

1 右の図のような正四角すいO−ABCDがある。底面は1辺の長さが8cmの正方形で，他の辺の長さはすべて12cmである。この正四角すいの体積を，次のように求めた。□ の中をうめなさい。　　　　　　　　　　　　　　　　各**5**点

> **ヒント** 頂点Oから，底面ABCDに垂線をひく。
> $V=\dfrac{1}{3}×$ 底面積×高さ

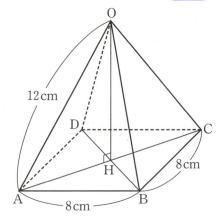

△ABCは直角二等辺三角形だから，

AB：AC＝1：$\sqrt{2}$

よって，AC＝□（cm）

頂点Oから底面ABCDに垂線OHをひく。

点Hは正方形の対角線の中点であるから，

AH＝$\dfrac{1}{2}$AC＝□（cm）

△OAHは，∠AHO＝90°の直角三角形だから，

OH^2＝□^{2}−$\left(\boxed{}\right)^2$＝□

OH＞0であるから，OH＝□（cm）

正方形ABCDの面積は□cm^{2}であるから，

この正四角すいの体積をVcm^{3}とすると，

$V=\dfrac{1}{3}×$（正方形ABCDの面積）×（高さ）

　$=\dfrac{1}{3}×$□ ×□

　$=$□（cm^3）

●**Memo** 覚えておこう●

●底面積がS，高さがhの角すい（四角すい，三角すいなど）の体積

$\dfrac{1}{3}Sh$

2 右の図は，正四角すいO–ABCDである。次の問いに答えなさい。

.... 各 **10** 点

(1) 底面を正方形ABCDとみるとき，この正四角すいの高さOHを求めなさい。

> **ヒント** まず，AHの長さを求める。

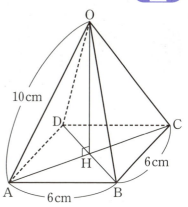

[　　　　　　]

(2) この正四角すいの体積を求めなさい。

[　　　　　　]

3 右の図は，1辺の長さが6cmの正四面体ABCDである。次の問いに答えなさい。

.... 各 **6** 点

(1) 辺BCの中点をMとするとき，線分DMの長さを求めなさい。

[　　　　　　]

(2) △BCDの面積を求めなさい。

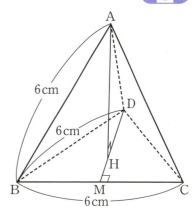

[　　　　　　]

(3) 頂点Aから面BCDに垂線AHをひくと，DH＝BH＝CHとなる。線分DHの長さを求めなさい。

> **ヒント** △HBMの3辺の比は2：1：√3

[　　　　　　]

(4) △AHDは，∠AHD＝90°の直角三角形である。この正四面体の高さAHを求めなさい。

[　　　　　　]

(5) この正四面体の体積を求めなさい。

[　　　　　　]

56 三平方の定理の応用⑨

1 右の図は，底面の半径BOが3cm，母線の長さABが9cmの円すいである。次の問いに答えなさい。 ………………………………………… 各**10**点

(1) 高さAOを求めなさい。

[　　　　　]

(2) この円すいの体積を求めなさい。

[　　　　　]

2 次の問いに答えなさい。 ………………………………………… 各**10**点

(1) 下の図で，円すいの高さを求めなさい。

(2) 下の図で，円すいの母線の長さを求めなさい。

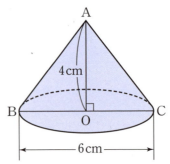

[　　　　　]　　　　　[　　　　　]

3 右の図は円すいの展開図で，側面の部分は，半径10cm，中心角216°のおうぎ形である。これを組み立ててできる円すいについて，次の問いに答えなさい。

各**8**点

(1) 底面の半径を求めなさい。

[   ]

(2) この円すいの高さを求めなさい。

[   ]

(3) この円すいの体積を求めなさい。

[   ]

4 右の図は，底面の半径COが2cm，高さAOが8cmの円すいである。次の問いに答えなさい。

各**12**点

(1) 母線ACの長さを求めなさい。

[   ]

(2) 側面積を求めなさい。

[   ]

(3) 表面積を求めなさい。

[   ]

三平方の定理のまとめ①

答えは別冊29ページ

1 下の図の直角三角形で，x の値を求めなさい。 ·········· 各**7**点

(1)

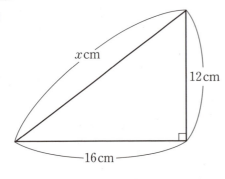

x cm

12 cm

16 cm

[　　　　　]

(2)

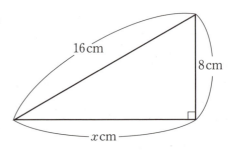

16 cm

8 cm

x cm

[　　　　　]

2 右の図で，四角形 ABCD と四角形 DCEF はともに1辺が3cmの正方形である。次の問いに答えなさい。 ·········· 各**8**点

(1) 線分 BD の長さを求めなさい。

[　　　　　]

(2) 線分 BF の長さを求めなさい。

[　　　　　]

A　　　　D　　　　F

3 cm

B — 3 cm — C — 3 cm — E

3 次の長さを3辺とする三角形のうち，直角三角形となるものはどれか，記号で答えなさい。 ·········· 各**7**点

(1) A. 5 cm， 6 cm， 7 cm
B. 7 cm， 24 cm， 25 cm
C. 12 cm， 15 cm， 17 cm

[　　　　　]

(2) A. $\sqrt{2}$ cm， $\sqrt{3}$ cm， $\sqrt{5}$ cm
B. $2\sqrt{3}$ cm， 4 cm， $\sqrt{5}$ cm
C. 2 cm， $2\sqrt{2}$ cm， 4 cm

[　　　　　]

4 右の図の△ABCについて，次の問いに答えなさい。 ‥‥‥‥‥ 各**8**点

(1) BCを底辺とみるとき，△ABCの高さを
求めなさい。

[   ]

(2) △ABCの面積を求めなさい。

[   ]

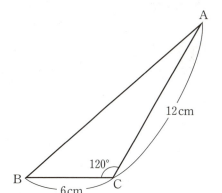

5 半径4cmの2つの円O，O′がある。円Oの中心は円O′の周上にあり，円O′の
中心は円Oの周上にある。円Oと円O′の交点を，右の図のようにA，Bとする。
次の問いに答えなさい。 ‥‥‥‥‥ 各**8**点

(1) ∠AOO′の大きさを求めなさい。

[   ]

(2) 弦ABの長さを求めなさい。

[   ]

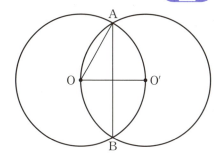

6 右の図は，底面ABCDが長方形となっている四角すいO−ABCDである。次の
問いに答えなさい。

‥‥‥‥‥ 各**8**点

(1) 線分ACの長さを求めなさい。

[   ]

(2) 頂点Oから底面ABCDにひいた垂線の長
さOHを求めなさい。

[   ]

(3) この四角すいの体積を求めなさい。

[   ]

月　日　　点　　答えは別冊29ページ

1 右の図は，∠A＝60°，AB＝BC＝6cm，∠ABC＝∠BDA＝90°の四角形ABCD である。次の問いに答えなさい。・・・・・・・・・・・・・・・・・・ 各**8**点

(1) 対角線BDの長さを求めなさい。

[　　　　　]

(2) 四角形ABCDの面積を求めなさい。

ヒント CからBDに垂線CHをひく。
∠CBH＝60°

[　　　　　]

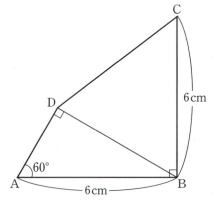

2 右の図のような円すいの展開図がある。次の問いに答えなさい。
・・・・・・・・・・・・・・・・・・ 各**8**点

(1) この展開図を組み立ててできる円すいの高さ を求めなさい。

[　　　　　]

(2) 体積を求めなさい。

[　　　　　]

3 座標平面上の3点A(4，−2)，B(−6，8)，C(−2，−4)を結んでできる △ABCについて，次の問いに答えなさい。・・・・・・・・・・・・ 各**8**点

(1) 最も長い辺の長さを求めなさい。

[　　　　　]

(2) △ABCはどのような三角形か答えな さい。

[　　　　　]

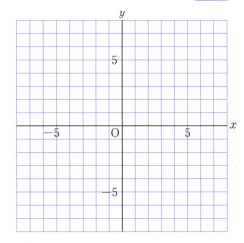

4 右の図の△ABCについて，次の □ の中をうめなさい。 各**4**点

頂点Aから辺BCに垂線AHをひき，
BH＝$x$cmとする。
直角三角形ABHで，三平方の定理より，
$AH^2＝AB^2－BH^2$
$＝$ □^{2}－□^{2} ……①
また，HC＝(14－x)cmと表されるから，
直角三角形ACHで，三平方の定理より，
$AH^2＝AC^2－HC^2$
$＝$ □^{2}－(□)^2 ……②
①，②より，AH^2を消去すると，
□$^2－x^2＝$□$^2－(14－x)^2$

これを解くと，$x＝$□

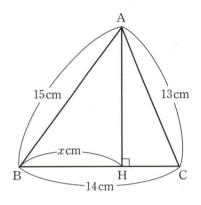

5 右の図は，1辺が12cmの正四面体ABCDである。辺CDの中点をM，頂点
Aから面BCDにひいた垂線をAHとするとき，次の問いに答えなさい。

.... 各**6**点

(1) AMの長さを求めなさい。

[ ]

(2) HMの長さを求めなさい。

[ ]

(3) AHの長さを求めなさい。

[ ]

(4) 正四面体ABCDの体積を求めなさい。

[ ]

59 標本調査

1 ある集団について何かを調べるとき，その集団の全部のものについて調べることを全数調査という。これに対し，集団の全体のようすを推測するために，もとの集団の一部を取り出して調べることを標本調査という。次の(1)〜(5)の各調査のうち全数調査が適当なものにＡ，標本調査が適当なものにＢと答えなさい。

各6点

(1) 新聞社の行う世論調査

[　　　　　]

(2) 日本の人口などを調べる国勢調査

[　　　　　]

(3) 学校で行う進路希望調査

[　　　　　]

(4) かんづめ工場の品質検査

[　　　　　]

(5) けい光灯の寿命調査

[　　　　　]

●Memo 覚えておこう●

- ●集団全部のものについて調査することを**全数調査**という。
- ●全体を推測するために，集団の一部を調査することを**標本調査**という。
- ●標本調査を行うとき，ようすを知りたい集団全体を**母集団**，母集団の一部分として実際に調べたものを**標本**という。また，標本をかたよりなく選ぶことを**無作為に抽出する**という。

2 ある年の有権者84578人から，1000人を選んで世論調査を行うとき，次の問いに答えなさい。

各7点

(1) この調査の母集団は何人か答えなさい。

[　　　　　]

(2) この調査の標本は何人か答えなさい。

[　　　　　]

3 池に白色と黒色のコイが1000匹放流してある。網を使って20匹のコイを標本としてつかまえ，白色と黒色のコイの数を数えて池にもどすという作業を10回試みて下の表の結果を得た。次の問いに答えなさい。 ⋯⋯⋯⋯⋯⋯⋯⋯ 各**7**点

回数	1	2	3	4	5	6	7	8	9	10	計
白色のコイの数	13	10	14	12	11	13	11	10	13	13	
黒色のコイの数	7	10	6	8	9	7	9	10	7	7	

(1) 10回の標本調査の結果から，白色のコイの数と黒色のコイの数の比を，簡単な1けたの整数の比で表しなさい。

$$\left[\right]$$

(2) この池の白色のコイの数を推定しなさい。

> **ヒント** 母集団も同じ割合でコイがいると考える。

$$\left[約\right]$$

4 ある容器に米粒が入っている。この中から400粒の米粒を取り出し，赤色に染めてもとの容器にもどし，よくかきまぜた。さらに，この中からひとつかみの米粒を取り出したところ，1000粒あって，その中に赤色の米粒が20粒入っていた。このことから，もとの容器に入っていた米粒の数を，次のように推定した。□ の中をうめなさい。 ⋯⋯⋯⋯⋯⋯⋯⋯ 各**7**点

標本として取り出した米粒は，□ 粒で，このうち，□ 粒が赤色であった。標本中の米粒に対する赤色の米粒の割合は □ %である。

容器の中にも標本と同じ割合で赤色の米粒が入っていると推定されるので，容器に入っている米粒を x 粒とすると，次の式が成り立つ。

$$x\times\boxed{}=400$$

これを解くと，

$$x=\boxed{}$$

この容器には，約 □ 粒の米粒が入っていると推定される。

60 中学図形の復習①

1 次の図形の斜線部分の面積を求めなさい。 ・・・・・・・・・・・ 各**10**点

(1)

O, O′, O″はそれぞれ半円の中心

(2)

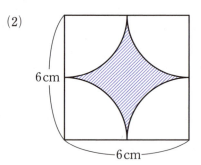

[　　　　　]　　　　　　　　[　　　　　]

2 下の図の直角三角形で，x の値を求めなさい。 ・・・・・・・・・ 各**10**点

(1)

(2)

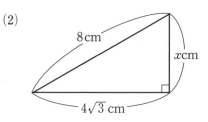

[　　　　　]　　　　　　　　[　　　　　]

3 右の図は，AB＝AC の二等辺三角形である。底辺BCの垂直二等分線を作図しなさい。

　　　・・・・・・・・・・・・・・・・・・・ **10**点

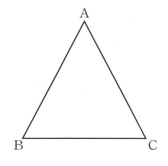

122

4 右の図で，AB，CD，EF はいずれも BD に垂直である。次の問いに答えなさい。

・・・・・・・・・・・・・・・・・・・・・・・・・・・・・・・ 各**10**点

(1) BF：FD を求めなさい。

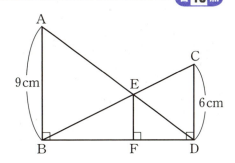

[   ]

(2) EF の長さを求めなさい。

[   ]

5 右の図は，正三角形 ABC の辺 AC 上に点 P をとり，AP を 1 辺とする正三角形 APQ をその外側にかいたものである。点 P と B，点 Q と C を結ぶとき，PB＝QC であることを証明しなさい。

・・・・・・・・・・・・・・・・・・・・・・・・・ **10**点

(証明)

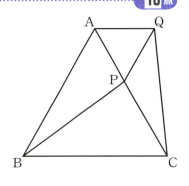

6 右の図は，底面が正六角形の六角柱である。次の問いに答えなさい。

・・・・・・・・・・・・・・・・・・・・・・・・・・・・・・・ 各**5**点

(1) 面 BHIC と平行な辺をすべて答えなさい。

[   ]

(2) 辺 DJ に垂直な面をすべて答えなさい。

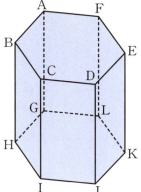

[   ]

(3) 辺 CI と平行な辺をすべて答えなさい。

[   ]

(4) 辺 CI とねじれの位置にある辺をすべて答えなさい。

[   ]

月　日　　　点　　答えは別冊31ページ

1 下の図で，3つの直線 ℓ，m，n が平行であるとき，x の値を求めなさい。

各**7**点

(1)

(2)

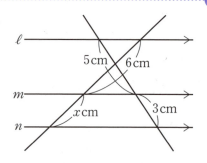

[　　　　　]　　　　　[　　　　　]

2 下の図で，∠x の大きさを求めなさい。　　各**7**点

(1)

(2)

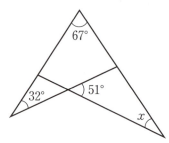

[　　　　　]　　　　　[　　　　　]

3 下の図で，$\ell /\!/ m$ のとき，∠x の大きさを求めなさい。　　各**7**点

(1)

(2)

[　　　　　]　　　　　[　　　　　]

4 次の立体の表面積と体積を求めなさい。 ･･････････ [ ] 各**8**点

(1) 円柱

10cm

8cm

表面積 [   ]

体積 [   ]

(2) 正四角すい

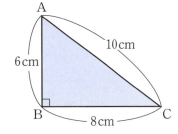

9cm

6cm

6cm

表面積 [   ]

体積 [   ]

5 右の図は，∠B＝90°の直角三角形ABCである。この三角形を辺ABを軸として1回転させてできる立体と，辺BCを軸として1回転させてできる立体の体積を求めなさい。 ･････ 各**8**点

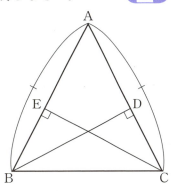

A

6cm 10cm

B 8cm C

辺ABを軸とする立体 [   ]

辺BCを軸とする立体 [   ]

6 AB＝AC の二等辺三角形ABCで，点B，Cから対辺にひいた垂線をそれぞれBD，CEとするとき，BD＝CE であることを証明しなさい。 ･････ **10**点

（証明）

A

E D

B C

125

月　　日　　　　点　　答えは別冊32ページ

1 下の図の円Oで，∠xの大きさを求めなさい。 ‥‥‥‥‥‥ 各**5**点

(1)

(2)

[　　　　　]　　　　　　　　　[　　　　　]

2 下の図で，x，yの値を求めなさい。 ‥‥‥‥‥‥ [ ] 各**6**点

(1)　BC∥DE

(2)　AD∥BC

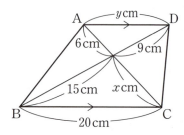

[x=　　　　　]　　　　　　　　　[x=　　　　　]

[y=　　　　　]　　　　　　　　　[y=　　　　　]

3 右の図は立方体の展開図である。この展開図を組み立ててつくった立方体について，次の問いに答えなさい。 ‥‥‥‥‥‥ 各**6**点

(1)　辺ABに平行な面を⑦～⑰の記号で答えなさい。

[　　　　　]

(2)　面⑦と平行な面を⑦～⑰の記号で答えなさい。

[　　　　　]

(3)　辺ABに垂直な面を⑦～⑰の記号で答えなさい。

[　　　　　]

126

4 右の図は円すいの展開図である。次の問いに答えなさい。

(1) $\overset{\frown}{AB}$ の長さを求めなさい。

[   ]

(2) 底面の円の半径を求めなさい。

[   ]

(3) おうぎ形AOBの面積を求めなさい。

[   ]

(4) この展開図を組み立ててできる円すいの表面積を求めなさい。

[   ]

(5) この展開図を組み立ててできる円すいの高さを求めなさい。

[   ]

(6) この展開図を組み立ててできる円すいの体積を求めなさい。

[   ]

5 右の図のような，底面の面積が$56\,cm^2$，高さが$12\,cm$の円すいを逆さまにした形の容器がある。この容器に$9\,cm$の深さまで水を入れたとき，次の問いに答えなさい。

(1) 水面の円の面積を求めなさい。

[   ]

(2) 水の体積は，この容器の容積の何倍か求めなさい。

[   ]

くもんの中学基礎がため100%　中3数学　図形編

2012年2月25日　改訂新版第1版第1刷発行	●カバーデザイン　こやまたかこ ●カバーイラスト　Igloo*dining* ●本文イラスト　平林知子 ●本文デザイン　坂田良子

発行人　志村直人
発行所　株式会社くもん出版　〒102-8180 東京都千代田区五番町3-1　五番町グランドビル
　　　　電話　代表03（3234）4001／編集部直通03（3234）4064／営業部直通03（3234）4004
印刷・製本　凸版印刷株式会社

何がわからないか、がわからない。

いつから苦手になったんだろう。気がついたら、何をどう勉強したらよいかさえわからない。そんな経験ありませんか。…というわけで、おすすめしたいのが、公文式。数学、英語、国語、どの教科もやさしい内容から少しずつステップを上げていけるようになっているから、安心です。「途中でわからなくなった」とか、「難しすぎてヤル気がなくなる」なんてことがありません。これから先、高校生で求められる学力を、今から着実につけていくことができます。「なるほど、なるほど」「そうか、わかったぞ」こんな声が毎日聞こえてきそうです。

公文式独自の教材と、経験豊かな指導者の適切な指導で、お子さまの学力・能力をさらに伸ばします。

**お近くの教室や公文式についての
お問い合わせは**

ミンナニ　ヒャクテン
0120-372-100

受付時間 9:30〜17:30
土・日・祝日をのぞきます。

都合で教室に通えないお子さまのために、通信学習制度を設けています。

**通信学習の資料のご希望や、通信学習
についてのお問い合わせは**

0120-393-373

受付時間9:30〜17:30
土・日・祝日をのぞきます。

お近くの教室を
検索できます

http://www.kumon.ne.jp/

公文式　（検索）

日本公文教育研究会

これだけは覚えておこう

中3数学 図形編の要点のまとめ

図形と相似

① 三角形の相似条件

(1) 3組の辺の比が等しい。

(2) 2組の辺の比とその間の角が等しい。

(3) 2組の角がそれぞれ等しい。

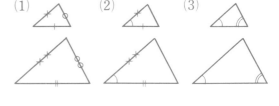

② 縮図と拡大図

(1) 測量への相似の利用

直接には測ることの困難な2地点間の距離や高さなどを，相似を利用して求めることができる。

(2) 縮図…もとの図形と相似で，もとの図形を縮小した図

(3) 拡大図…もとの図形と相似で，もとの図形を拡大した図

(4) 縮尺…縮図で，実際の長さを縮めた割合を縮尺という。

③ 三角形と比

(1) 右の図の△ABCで，BC∥DEならば，次の関係が成り立つ。

・AD：AB＝AE：AC＝DE：BC

・AD：DB＝AE：EC

(2) △ABCの2辺AB，AC上に，点P，Qがあるとき，

・AP：AB＝AQ：ACならば
　PQ∥BC

・AP：PB＝AQ：QCならば
　PQ∥BC

④ 平行線と比

3つ以上の平行線に，1つの直線がどのように交わっても，その直線は平行線によって一定の比に分けられる。

$a : b = c : d$

⑤ 中点連結定理

△ABCの2辺AB，ACの中点をそれぞれM，Nとすると，

$$MN \parallel BC \qquad MN = \frac{1}{2}BC$$

中3 数学

図形編

解答書
答えと考え方

くもん出版

① 相似 P.4-5

① 答▶

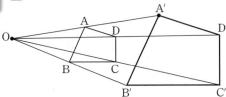

② 答▶(1) 相似　　(2) ∽

(3) C′　D′

③ 答▶(1)

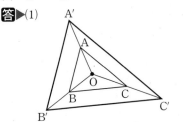

(2)

④ 答▶(1) 点F　(2) ∠G　(3) ∠C

(4) 辺IJ　(5) 辺BC

② 相似な図形の性質① P.6-7

① 答▶(1) 辺EF　　(2) 2：1

(3) 2：1　　　　(4) 2cm

考え方▶(2) AB：EF＝9.6：4.8

＝2：1

(3) BC：FG＝6：3

＝2：1

(4) 四角形ABCDと四角形EFGH

の相似比は2：1である。

EH＝$x$cmとすると，

2：1＝4：x　　x＝2

よって，EH＝2cm

② 答▶(1) 2：1　　(2) 5cm

(3) 6cm

考え方▶(1) △ABCと△DEFで，辺BCと

辺EFが対応しているので，相似

比は，8：4＝2：1

(2) DE＝$x$cmとすると，

2：1＝10：x　　x＝5

③ 答▶(1) 3　2

(2) 3　2　24　8

(3) 3　2　33　11

④ 答▶(1) 2：3　　(2) x＝4.8

(3) y＝3.75

考え方▶(1) 辺BCと辺B′C′が対応している

ので，

BC：B′C′＝3.4：5.1

＝2：3

(2) AB：A′B′＝2：3

3.2：x＝2：3

2x＝9.6

x＝4.8

(3) 2.5：y＝2：3

2y＝7.5

y＝3.75

③ 相似な図形の性質② P.8-9

① 答▶(1) 4：3　　(2) 12cm

(3) 9cm　　　(4) 18cm

考え方▶(1) 辺BCと辺FGが対応している

ので，相似比は，20：15＝4：3

(2) EF＝$x$cmとすると，

16：x＝4：3

4x＝48

x＝12

② 答▶(1) 2：3　　(2) 12.6cm

(3) 6cm

考え方▶(1) 辺OBと辺OB′が対応している

ので，相似比は，8：12＝2：3

③ 答▶(1) 70°　(2) 60°

(3) $\dfrac{2}{3}$　(4) 9cm　(5) 8cm

考え方▶(1)　∠Eに対応しているのは∠Bである。

(2)　∠C＝∠F＝50°
よって，
∠A＝180°−70°−50°＝60°

(3)　BC：EF＝2：3 より，
$$\frac{BC}{EF}=\frac{2}{3}$$

4　**答▶**(1)　**3：2**　　(2)　**110°**
(3)　**3 cm**　　(4)　**4.4 cm**

考え方▶(1)　辺DCと辺GCが対応しているので，相似比は，6：4＝3：2

(2)　∠Aと∠Eが対応しているので，
∠A＝110°

(3)　AD＝$x$cm とすると，
$$x：2＝3：2$$
$$x＝3$$

---

4 相似な図形の性質③ P.10-11

1　**答▶**(1)　**65°**　　(2)　**1：2**
(3)　**2.2 cm**　　(4)　**2.4 cm**

考え方▶(1)　∠H＝∠D
$$＝360°−80°−145°−70°$$
$$＝65°$$

(2)　辺CDと辺GHが対応しているので，相似比は，2.3：4.6＝1：2

(3)　AD＝$x$cm とすると，
$$x：4.4＝1：2$$
$$2x＝4.4$$
$$x＝2.2$$

2　**答▶**(1)　**3：2**　　(2)　**60°**
(3)　**80°**　　(4)　**7.5 cm**

考え方▶(1)　辺BCと辺EFが対応しているので，相似比は，12：8＝3：2

(3)　∠D＝∠A
$$＝180°−60°−40°＝80°$$

3　**答▶**(1)　**60°**　　(2)　**90°**
(3)　**4 cm**　　(4)　**4.8 cm**

考え方▶(3)　辺BCと辺FGが対応していて，相似比が，3：2であるから，
FG＝$x$cm とすると，

$$6：x＝3：2$$
$$3x＝12$$
$$x＝4$$

4　**答▶**(1)　**3：2**　　(2)　$\dfrac{3}{2}$　　(3)　$\dfrac{2}{3}$
(4)　**6 cm**　　(5)　**6 cm**

考え方▶(1)　辺OAと辺OA′が対応しているので，相似比，12：8＝3：2

(4)　A′B′＝$x$cm とすると，
$$9：x＝3：2,\ 3x＝18,\ x＝6$$

---

5 三角形の相似条件① P.12-13

1　**答▶**(1)　⑥
2組の角がそれぞれ等しい

(2)　④
2組の辺の比とその間の角がそれぞれ等しい

(3)　⑤
3組の辺の比がすべて等しい

2　**答▶**(1)　②
2組の角がそれぞれ等しい

(2)　②
2組の辺の比とその間の角がそれぞれ等しい

考え方▶(1)　①の残りの角は
$$180°−(50°+65°)＝65°$$
②の残りの角は
$$180°−(45°+75°)＝60°$$
③の残りの角は55°と80°

(2)　①との辺の比は，
18：12＝3：2 と 24：18＝4：3
であるから，間の角は等しいが，2組の辺の比が等しくない。
②との辺の比は，
24：16＝18：12＝3：2 で，その間の角は60°である。
③の角は47°であるから，間の角が等しくない。

3　**答▶**(1)　∠A＝∠D，または
AB：DE＝BC：EF

(2)　∠B＝∠E，または

∠C＝∠F，または

AB：DE＝AC：DF

考え方▶(1)　2組の辺の比が等しいので，その間の角が等しければ，△ABC∽△DEF となる。

また，もう1組の辺の比も等しければ，△ABC∽△DEF となる。

６ 三角形の相似条件② P.14-15

１ **答**▶(1)　2組の辺の比とその間の角がそれぞれ等しい

(2)　**3：2**

(3)　**2組の角がそれぞれ等しい**

考え方▶(1)　△ABCと△ADEで，

AB：AD＝AC：AE＝(2＋1)：2

また，∠Aは2つの三角形に共通なので，2組の辺の比とその間の角がそれぞれ等しいことがいえる。

(2)　AD：DB＝2：1より，

AD：AB＝2：(2＋1)

よって，△ABCと△ADEの相似比は，3：2

(3)　DE∥BC より，同位角が等しい。

２ **答**▶(1)　**3：1**　　(2)　**3：1**

(3)　**△AED**

(4)　**2組の辺の比とその間の角がそれぞれ等しい**

(5)　**3：1**

考え方▶(1)　12：4＝3：1

(2)　9：3＝3：1

(4)　AB：AE＝AC：AD＝3：1

また，∠Aは2つの三角形に共通なので，△ABCと△AEDは，2組の辺の比とその間の角がそれぞれ等しいことがいえる。

３ **答**▶(1)　∠ACB　　(2)　**△AED**

(3)　**2組の角がそれぞれ等しい**

考え方▶(1)　∠ADE＝180°－50°－∠A

∠ACB＝180°－50°－∠A

よって，∠ADE＝∠ACB

(2)　△ABCと△AEDで，

∠Aは共通，∠ABC＝∠AED

よって，2組の角がそれぞれ等しいから，△ABC∽△AED である。

４ **答**▶(1)　∠BED　　(2)　**△EBD**

(3)　**2組の角がそれぞれ等しい**

考え方▶(1)　∠BAC＝180°－90°－∠B

∠BED＝180°－90°－∠B

よって，∠BAC＝∠BED

(2)　△ABCと△EBDで，

∠Bは共通，

∠ACB＝∠EDB＝90°

よって，2組の角がそれぞれ等しいから，△ABC∽△EBD である。

５ **答**▶(1)　∠ACE

(2)　**∠BFE，∠CFD**

(3)　**△ACE，△FBE，△FCD**

(4)　**2組の角がそれぞれ等しい。**

考え方▶(1)　∠ABD＝180°－90°－∠A

∠ACE＝180°－90°－∠A

よって，∠ABD＝∠ACE

(2)　等しい角の関係は，下の図のようになる。

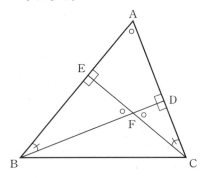

７ 三角形と相似① P.16-17

１ **答**▶2　1　2　1

DO　BO

COB

2組の辺の比とその間の角

COB
考え方 ▶ 2組の辺の比とその間の角が等しいことをいう。対応する辺をまちがえないようにする。

2 答 ▶ DCO   COD   2組の角
CDO
考え方 ▶ AB∥DC より，錯角が等しいことと対頂角が等しいことを使って，相似条件の2組の角がそれぞれ等しいことを示す。

3 答 ▶ 1   3   1   3
1   3
CB   DB   AC   ED
3組の辺の比
EBD
DEB
錯角

4 答 ▶ (1) △ABOと△CDOにおいて，仮定より，
$\angle ABO = \angle CDO$ ……①
また，対頂角は等しいから，
$\angle AOB = \angle COD$ ……②
①，②より，2組の角がそれぞれ等しいから，△ABO∽△CDO
(2) 12cm
考え方 ▶ (2) 線分BOと線分DOが対応しているから，△ABOと△CDOの相似比は，6：8＝3：4
CO＝$x$cm とすると，
$9 : x = 3 : 4$
$3x = 36$
$x = 12$

8 三角形と相似② P.18-19

1 答 ▶ (1) 5   2   5   2
BC   BD
2組の辺の比とその間の角
CBD
(2) 5：2 (3) 8cm
考え方 ▶ (1) $AB : CB = 25 : 10$
$= 5 : 2$

$BC : BD = 10 : 4$
$= 5 : 2$
(3) DC＝$x$cm とすると，
$20 : x = 5 : 2$
$5x = 40$
$x = 8$

2 答 ▶ CBD   BCD   B
2組の角   CBD

3 答 ▶ (1) $x = 25$ (2) $x = 6$
(3) $x = 9$ (4) $x = \dfrac{21}{2}$ (10.5)
(5) $x = 14$ (6) $x = 16$
考え方 ▶ (1) △ABC∽△AED より，
$x : 15 = 30 : 18$
$x = 25$
(2) △ABC∽△BDC より，
$x : 3 = 4 : 2$
$x = 6$
(3) △ABC∽△DBE より，
$x : 6 = 12 : 8$
$x = 9$
(4) △ABC∽△DBA より，
$14 : x = 16 : 12 (= 12 : 9)$
$x = \dfrac{21}{2}$
(5) △ABC∽△AED より，
$x : 7 = 16 : 8$
$x = 14$
(6) △ABC∽△DAC より，
$20 : x = 25 : 20$
$x = 16$

9 三角形と相似③ P.20-21

1 答 ▶ BDA   B
2組の角   DBA

2 答 ▶ (1) a bc
(2) 12cm (3) 10cm
考え方 ▶ (2) 条件より，$a = 6$，$b = 3$
(1)を用いて c を求めればよい。
$a^2 = bc$ より，
$36 = 3c$ $c = 12$

(3) $a^2 = bc$ より，
$a^2 = 5 \times 20 = 100$　　　$a = 10$

3　答▶(1)　辺**BA**　　(2)　辺**DB**

(3)　$\dfrac{75}{4}$ cm (**18.75 cm**)

考え方▶(3)　AB : DB＝BC : BA より，
　　　　　$15 : 12 = BC : 15$
　　　　　$5 : 4 = BC : 15$
　　　　　$4BC = 75$
　　　　　$BC = \dfrac{75}{4}$ (cm)

4　答▶(1)　**BEC**　　　**C**
　　　2組の角　　**BEC**

(2)　**3 cm**

考え方▶(2)　△ADC∽△BEC より，
　　　AC : BC＝DC : EC
　　　DC＝$x$cm とすると，
　　　　$6 : 8 = x : 4$
　　　　$8x = 24$
　　　　　$x = 3$

⑩ 三角形と相似④　P.22-23

1　答▶**B′**　　**B′C′**　　**2B′M′**　　**B′M′**
　　2組の辺の比とその間の角
　　A′B′M′

2　答▶(1)　**2組の辺の比とその間の角がそ**
　　れぞれ等しい

(2)　**3 : 2**　　(3)　$\dfrac{10}{3}$ cm

考え方▶(2)　辺ABと辺EBが対応している
　　　ので，相似比は，$6 : 4 = 3 : 2$
　　(3)　DE＝$x$cm とすると，
　　　　$5 : x = 3 : 2$
　　　　　$3x = 10$
　　　　　　$x = \dfrac{10}{3}$

3　答▶(1)　**40°**　　(2)　△**DBA**

考え方▶(1)　$\angle BAD = \dfrac{1}{2}\angle BAC$
　　　　　　$= \dfrac{1}{2}(180° - 60° - 40°)$
　　　　　　$= 40°$

4　答▶**72**
　　36
　　DBC
　　C
　　2組の角
　　BDC
　　BC　　**DC**
　　BC

考え方▶$\angle ABC = (180° - 36°) \div 2 = 72°$
　　　$\angle DBC = \dfrac{1}{2} \times 72° = 36°$

⑪ 三角形と相似⑤　P.24-25

1　答▶(1)　△**MOB**
(2)　**2組の角がそれぞれ等しい**
(3)　**2 : 1**　　(4)　**2 : 1**　　(5)　**6 cm**

考え方▶(1), (2)　AD∥BC より，錯角が等
　　　しいことを使う。
　　(3)　AD＝BC＝2BM
　　(5)　OD : OB＝2 : 1 より，
　　　　BD : OD＝3 : 2，
　　　　BD＝9cm だから，
　　　　$9 : OD = 3 : 2$
　　　　　$3OD = 18$　　　$OD = 6$(cm)

2　答▶**C**　　**60**
　　EDC
　　ADC
　　2組の角
　　ADC

3　答▶(1)　**3 cm**　　(2)　**9 cm**

考え方▶AD∥BC より，2組の角がそれぞ
　　　れ等しいから，△AOD∽△COB
　　　相似比は，$6 : 12 = 1 : 2$
　　(1)　AO : CO＝1 : 2 より，
　　　　AO : AC＝1 : 3
　　(2)　DO : BO＝1 : 2 より，
　　　　BD : BO＝3 : 2

4　答▶**ECF**
　　B(ABE)　　**C(ECF)**
　　AEC

CEF

D（ADF）

CEF

2組の角

ABE　　ECF

考え方▶上で，CEF を FEC と表しても正解
とする。

12 相似のまとめ①　P.26-27

1 答▶(1)　辺EH　　(2)　∠F

(3)　2：3　　(4)　8cm　　(5)　7.5cm

考え方▶(4)　四角形 ABCD と四角形 EFGH
の相似比は 2：3 であるから，

BC：12＝2：3

3BC＝24　　BC＝8（cm）

(5)　5：HG＝2：3

2HG＝15　　HG＝7.5（cm）

2 答▶(1)　△BOC

(2)　2組の角がそれぞれ等しい

(3)　x＝9　　(4)　y＝15

考え方▶(2)　AD∥CB より，錯角は等しい
から，∠DAO＝∠CBO

また，∠AOD＝∠BOC である。

(3)　x：13.5＝6：9

x：13.5＝2：3

3x＝27

x＝9

3 答▶ACD

ACB　　ADC

A

2組の角

ABC　　ACD

4 答▶(1)　2組の角がそれぞれ等しい

(2)　2：1　　(3)　16cm

考え方▶(2)　辺 AC と辺 AD が対応している
から，相似比は，12：6＝2：1

5 答▶(1)　△FBD，△DBE，△FDE

(2)　10cm　　(3)　3cm

考え方▶(2)　△ABC ∽ △FBD より求める。

(3)　AB：FB＝AC：FD

4：（CF＋5）＝1：2

CF＋5＝8

よって，CF＝3（cm）

13 相似のまとめ②　P.28-29

1 答▶COD

1　　2　　1　　2

DO

AO　　CO　　BO　　DO

3組の辺の比

COD

CDO

2 答▶(1)　△ABC と △ACD において，

AB：AC＝4：3

AC：AD＝4：3

よって，AB：AC＝AC：AD ……①

∠A は共通 ……②

①，②より，2組の辺の比とその間の
角がそれぞれ等しいから，

△ABC ∽ △ACD

(2)　7.5cm

考え方▶(2)　△ABC と △ACD において，

AB：AC＝16：12＝4：3

DC＝x cm とすると，

10：x＝4：3

4x＝30

x＝7.5

3 答▶(1)　AED

AED

A

2組の角

AED

(2)　12cm　　(3)　5cm

4 答▶(1)　△ABC と △HBA において，

仮定より，

∠BAC＝∠BHA＝90° ……①

また，∠B は共通 ……②

①，②より，

2組の角がそれぞれ等しいから，

△ABC ∽ △HBA

(2)　12cm

14 相似の利用①

① 答▶(1)

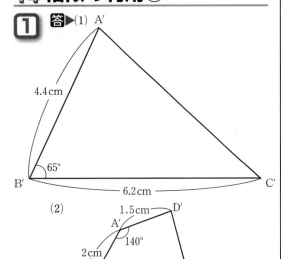

(2)

(3) AB…**3 cm**　　BC…**20 cm**

② 答▶(1) **4 cm**　　(2) **40 m**

考え方▶(2) 　$4 \text{cm} \times 1000 = 4000 \text{cm} = 40 \text{m}$

③ 答▶(1) **5 cm**　　(2) **10 m**

(3) **10 cm**

考え方▶(2) 　$5 \text{cm} \times 200 = 1000 \text{cm} = 10 \text{m}$

(3) 　$10 \text{m} \times \dfrac{1}{100} = \dfrac{1}{10} \text{m} = 10 \text{cm}$

④ 答▶

考え方▶図形の各頂点とOを結び，その長さ

の $\dfrac{3}{2}$ 倍，$\dfrac{2}{3}$ 倍の点をそれぞれとる。

15 相似の利用②

P.32-33

① 答▶(1) 　$\dfrac{1}{1000}$ … **7 cm**

$\dfrac{1}{2000}$ … **3.5 cm**

(2) **80 m**

考え方▶(2) 　$\dfrac{1}{2000}$ の縮図で，A′B′は 3.5 cm

となる。

P′A′を測ると，P′A′＝4 cm

したがって，PA＝80 m となる。

② 答▶**53 m**

考え方▶縮尺を $\dfrac{1}{1000}$ と

すると，

P′A′＝5.3 cm

したがって，

PA＝53 m

③ 答▶**17.6 m**

④ 答▶**19 m**

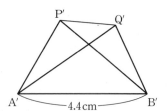

考え方▶縮尺を $\dfrac{1}{1000}$ とすると，

P′Q′＝1.9 cm

したがって，PQ＝19 m

8

したがって，AB＝34.8m

16 相似の利用③ P.34-35

 1 答▶(1) $\dfrac{1}{400}$ (2) **16.8 m**

(3) **18.3 m**

考え方▶B'R'を測ると，
B'R'＝4.2 cm
したがって，
BR＝16.8m
となる。

2 答▶**49.5 m**

考え方▶縮尺を $\dfrac{1}{1000}$ とすると，
Q'R'＝4cm となる。
B'R'を測ると，
B'R'＝4.8cm
したがって，
BR＝48m
目の高さが1.5mだから，テレビ塔
の高さは49.5m

3 答▶**12.5 m**

考え方▶縮尺を $\dfrac{1}{500}$ とすると，
R'S'＝2cm となる。
B'T'を測ると，
B'T'＝2.2cm
したがって，
BT＝11m
目の高さが1.5mだから，木の高さ
は12.5m

4 答▶**34.8 m**

考え方▶AQ＝18.5＋1.5＝20(m)
縮尺を $\dfrac{1}{400}$ とすると，A'Q'＝5cm
となる。A'B'を測ると，
A'B'＝8.7cm

17 平行線と線分の比① P.36-37

1 答▶ABC
ABC
A
2組の角
ABC
AB　AC　DE

2 答▶(1) **6 cm** (2) **5.4 cm**

考え方▶(1) DE∥BC より，
AD：AB＝AE：AC
6：9＝4：AC
6AC＝36
AC＝6(cm)
(2) DE∥BC より，
AD：AB＝DE：BC
2：3＝DE：8.1
3DE＝16.2
DE＝5.4(cm)

3 答▶(1) △EDC

(2) $x＝4.8\left(\dfrac{24}{5}\right)$ (3) $y＝\dfrac{25}{3}$

考え方▶(2) AB∥DE より，
AC：EC＝AB：ED
x：8＝6：10
10x＝48
x＝4.8

4 答▶(1) $x＝7.5\left(\dfrac{15}{2}\right)$ (2) $x＝18$

(3) $x＝6$ (4) $x＝7.5\left(\dfrac{15}{2}\right)$

考え方▶(1) AB∥CD より，
OC：OA＝OD：OB
x：12＝5：8
8x＝60
$x＝\dfrac{15}{2}＝7.5$
(2) AB∥CD より，
CD：AB＝OD：OB
5：12＝7.5：x

$$5x=90$$
$$x=18$$

$$2:3=x:10$$
$$3x=20$$
$$x=\frac{20}{3}$$

18 平行線と線分の比② P.38-39

1 答▶DBF（B）
BDF
２組の角　　DBF
DB　　DF

2 答▶EC
6　　3　（2　　1）
2

3 答▶(1)　$x=4$　　　　(2)　$x=16$
(3)　$x=3$　　　　(4)　$x=12$

考え方▶(1)　AD：DB＝AE：EC より，
$$8:x=6:3$$
$$6x=24$$
$$x=4$$
(2)　AD：AB＝AE：AC より，
$$6:x=9:24$$
$$9x=144$$
$$x=16$$
(3)　AD：DB＝AE：EC より，
$$20:4=(18-x):x$$
$$20x=4(18-x)$$
$$24x=72$$
$$x=3$$
(4)　AD：DB＝AE：EC より，
$$6:4=x:8$$
$$4x=48$$
$$x=12$$

4 答▶(1)　$(15-x):x=2:1$
(2)　$x=5$　　(3)　$\frac{20}{3}$cm

考え方▶(1)　15：x＝3：1，
15：$(15-x)$＝3：2 も可。
(2)　$2x=15-x$
$$3x=15$$
$$x=5$$
(3)　△ADE ∽△ABC より，
AD：AB＝DE：BC
DE＝$x$cm とすると，

19 平行線と線分の比③ P.40-41

1 答▶AG　　GH
平行四辺形
DE　　EF
DE　　EF

2 答▶4.5cm$\left(\frac{9}{2}\text{cm}\right)$

考え方▶**1**より，AB：BC＝DE：EF
EF＝$x$cm とすると，
$$8:6=6:x$$
$$x=4.5$$

3 答▶(1)　$x=8$
(2)　$x=5$

考え方▶(1)　12：x＝9：6
$$9x=72$$
$$x=8$$
(2)　4：8＝x：10
$$8x=40$$
$$x=5$$

4 答▶(1)

(図：台形ABCD。A から B へ 6cm、P は AB 上で BP＝4cm、AD＝8cm、DQ＝4cm、BC＝13cm、E を通り $x$cm、F は BC 上)

(2)　$\frac{8}{3}$cm　(3)　**8** cm　(4)　**5** cm
(5)　**3** cm　(6)　$x=11$

考え方▶(3)　四角形AEQDは平行四辺形。
(4)　(3)より EQ＝FC＝8(cm)
BF＝BC－FC＝13－8
　　＝5(cm)
(5)　△APE ∽△ABF より，
AP：AB＝PE：BF
6：10＝PE：5
PE＝3(cm)

10

(6) $x=\mathrm{PE}+\mathrm{EQ}=3+8=11\,(\mathrm{cm})$

⓴ 平行線と線分の比④ P.42-43

1 答▶(1) AQ　　AC

A

2組の辺の比とその間の角

ABC

APQ

PQ　　BC

(2) m　　$m+n$

AC

PQ　　BC

2 答▶(1) ×　　(2) ×　　(3) ○

3 答▶①

②

③

4 答▶①

②　③

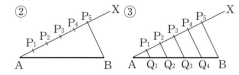

考え方▶① 点Aを通る半直線AXをひいて，等間隔に点P_1，…，P_5をとる。

② 点P_5とBを結ぶ。

③ 点P_1を通り，直線$\mathrm{P}_5\mathrm{B}$と平行

な直線をひき，線分ABとの交点をQ_1とする。

Q_2，Q_3，Q_4についても同様である。

㉑ 平行線と線分の比⑤ P.44-45

1 答▶$x=3.75\left(\dfrac{15}{4}\right)$

考え方▶△OACで，DF∥AC より，

OD：OA＝OF：OC

$x:6=2.5:4$

$4x=15$

$x=\dfrac{15}{4}=3.75$

2 答▶(1)　3 cm　　(2)　2 cm

(3)　9 cm　　(4)　4：3

考え方▶(1) AI：IC＝1：2 より，

AI：AC＝1：(1+2)

AI：9＝1：3

AI＝3(cm)

(2) EJ∥AI より，△OAIで，

OE：OA＝EJ：AI

EJ＝$x$cm とすると，

$2:(2+1)=x:3$

$3x=6$

$x=2$

(3) △OAIで，EJ∥AI より，

OJ：OI＝OE：OA

OI＝$x$cm とすると，

$6:x=2:3$

$2x=18$

$x=9$

(4) JG∥IC より，

JG：IC＝OG：OC

＝OE：OA＝2：3

JG：6＝2：3 より，JG＝4

JG∥AI より，

△JGK∽△IAK

JK：KI＝JG：AI

＝4：3

③ **答▶**(1) **3：5** (2) **3：5**

(3) **9.6cm** $\left(\dfrac{48}{5}\,\text{cm}\right)$

(4) **12.8cm** $\left(\dfrac{64}{5}\,\text{cm}\right)$

(5) **5：8**

考え方▶(1) AC：AE＝3：(3＋2)
　　　　　　　＝3：5

　(2) △AEFで，CG∥EF より，
　　　CG：EF＝AC：AE
　　　　　　　＝3：5

　(3) CG＝$x$cm とすると，
　　　3：5＝x：16
　　　5x＝48
　　　　x＝$\dfrac{48}{5}$＝9.6

　(4) △FABで，GD∥AB より，
　　　GD：AB＝FG：FA
　　　　　　　＝EC：EA
　　　　　　　＝2：5
　　　GD＝$x$cm とすると，
　　　2：5＝x：8
　　　5x＝16
　　　　x＝$\dfrac{16}{5}$
　　　よって，CD＝CG＋GD
　　　　　　　　＝$\dfrac{48}{5}$＋$\dfrac{16}{5}$＝$\dfrac{64}{5}$
　　　　　　　　＝12.8 (cm)

　(5) 8：$\dfrac{64}{5}$＝40：64
　　　　　　　＝5：8

④ **答▶**BCED
平行四辺形
AB　　BC
EC′
A′B′　　B′C′
A′B′　　B′C′

---

22 中点連結定理① P.46-47

① **答▶**AC　　AN
2組の辺の比とその間の角

AMN
BC
AMN

② **答▶**6 cm

考え方▶①より，MN＝$\dfrac{1}{2}$BC＝$\dfrac{1}{2}×12$
　　　　　　　　　　＝6(cm)

③ **答▶**(1) **4 cm** (2) **5 cm** (3) **50°**

考え方▶(1) AD＝$\dfrac{1}{2}$AB＝$\dfrac{1}{2}×8$＝4(cm)

　(2) DE＝$\dfrac{1}{2}$BC＝$\dfrac{1}{2}×10$＝5(cm)

　(3) 中点連結定理より，DE∥BC
　　　同位角は等しいので，
　　　∠B＝∠ADE＝50°

④ **答▶**(1) **6 cm** (2) **4 cm**
(3) **10cm**

考え方▶(3) EG＝EF＋FG＝6＋4
　　　　　　　　＝10(cm)

⑤ **答▶**(1) **3 cm** (2) **9 cm**
(3) **平行四辺形**

考え方▶(2) DF＋DE＋EF
　　　＝$\dfrac{1}{2}$BC＋$\dfrac{1}{2}$AC＋$\dfrac{1}{2}$AB
　　　＝3＋2＋4＝9(cm)

　(3) DE∥AC，DF∥BC より，
　　　DE∥FC，DF∥EC となり，2
　　　組の対辺がそれぞれ平行である。

---

23 中点連結定理② P.48-49

① **答▶**(1) **6 cm** (2) **PS，QR**
(3) **平行四辺形**

考え方▶(1) △ABCで，中点連結定理より，
　　　PQ＝$\dfrac{1}{2}$AC

　(2) △ABDで，PS∥BD
　　　△BCDで，QR∥BD

　(3) PS∥QR，SR∥PQ

② **答▶**(1) **5 cm** (2) **7 cm**
(3) **90°** (4) **90°** (5) **長方形**

考え方▶(3),(4) ひし形の対角線は垂直に交

わることより，

ACは PS，BD，QR と垂直。

BDは PQ，AC，SR と垂直。

③ **答▶**APQ

2組の角

APQ

AC

④ **答▶**(1) **1：2** (2) **3 cm**

(3) **4 cm**

考え方▶(1) Mは AB の中点で，MN∥BC

より，Nは DC の中点となる。

(2) △ADN と△LCN において，対

頂角より，

∠AND＝∠LNC

AD∥LC より，

∠ADN＝∠LCN

(1)より，DN＝CN

よって，△ADN≡△LCN

AD＝CL＝3(cm)

(3) △ABL において，

$MN＝\frac{1}{2}BL＝\frac{1}{2}(5+3)＝4(cm)$

24 中点連結定理③ P.50-51

① **答▶**(1) **8 cm** (2) **4 cm**

(3) **2：3** (4) $\frac{16}{3}$ **cm**

② **答▶**(1) **2：1** (2) **1：2** (3) **3：1**

考え方▶(3) $GE＝\frac{1}{2}DF$，$DF＝\frac{1}{2}AE$ より，

$GE＝\frac{1}{4}AE$

③ **答▶**(1) DE FC

EC

ED

EC

(2) **6 cm**

考え方▶(2) △BGD で，中点連結定理より，

DG＝2EC＝8(cm)

△AEC で，

$DF＝\frac{1}{2}EC＝2(cm)$

よって，

FG＝DG－DF

＝8－2＝6(cm)

④ **答▶**(1) **1：2**

(2) MA PB

AB

CD

NP

考え方▶(1) △DAB で，中点連結定理より，

$MP＝\frac{1}{2}AB$

25 平行線と線分の比のまとめ① P.52-53

① **答▶**(1) $x＝10$ (2) $x＝3$

(3) $x＝18$

考え方▶(1) △ABC で，中点連結定理より，

$x＝2×5＝10$

② **答▶**(1) $x＝6$ $y＝8$

(2) $x＝2$ $y＝16$

考え方▶(1) △AEG∽△AFD で，

AG：AD＝EG：FD より，

8：12＝4：x

8x＝48

x＝6

△BCE で，中点連結定理より，

EC＝FD×2＝12(cm)

y＝EC－EG＝12－4＝8

③ **答▶**(1) $x＝\frac{50}{3}$ $y＝9$

(2) $x＝9$ $y＝24.5\left(\frac{49}{2}\right)$

(3) $x＝4.5\left(\frac{9}{2}\right)$

(4) $x＝\frac{16}{3}$

考え方▶(3) 4：3＝6：x

4x＝18

x＝4.5

(4) x：8＝4：6

6x＝32

$$x = \frac{16}{3}$$

4 答▶(1) **8 cm** (2) **6 cm**
(3) **10 cm**

考え方▶(1) BP:PD=BL:AD
　　　　　　=1:2
　　　BP:BD=1:3
　　　BP=$\frac{1}{3}$BD=8(cm)

(2) AC と BD の交点をEとすると，
　　AC∥NM，DM=MC より，
　　　DQ=$\frac{1}{2}$DE=6(cm)

(3) PQ=BD−BP−DQ
　　　=24−8−6=10(cm)

26 平行線と線分の比のまとめ② P.54-55

1 答▶(1) **6 cm** (2) **3 cm**

考え方▶(2) (1)より，DF=6cm
　　　△DEFで，中点連結定理より，
　　　BG=$\frac{1}{2}$DF=$\frac{1}{2}$×6=3(cm)

2 答▶(1) **1:2** (2) **4 cm**
(3) **8 cm**

考え方▶(1) △APD∽△CPB より，
　　　AP:CP=AD:CB
　　　　　　=6:12=1:2

(2) (1)より，EP:BC=AP:AC
　　　　　　　　=1:3
　　　EP=4(cm)

(3) (2)と同様にして，PF=4(cm)
　　　EF=EP+PF=4+4=8(cm)

3 答▶(1) **1:2** (2) **2倍** (3) **6倍**

考え方▶(2) △DFE と △DBF において，高
　　　さは等しく，底辺の長さの比は(1)
　　　より，1:2 となる。

(3) △DBC=3△DBF
　　　　　　=6△DFE

4 答▶(1) **8 cm** (2) **3:5**
(3) **3:5** (4) **6 cm**

考え方▶(1) △EAB∽△EGC より，
　　　AB:GC=BE:CE=3:2
　　　12:GC=3:2
　　　　　GC=8(cm)

(2) DG=DC+CG=AB+$\frac{2}{3}$AB
　　　　　　　=$\frac{5}{3}$AB

(4) BF:BD=3:(3+5)
　　　BF:16=3:8
　　　BF=6(cm)

5 答▶(1) **10.8 cm**$\left(\frac{54}{5} \text{cm}\right)$
(2) **6 cm**

考え方▶(1) △ABCで，
　　　AE:AB=EP:BC
　　　EP=$x$cm とすると，
　　　3:5=x:18
　　　x=10.8

(2) △ABDで，
　　　EB:AB=EQ:AD
　　　EQ=$x$cm とすると，
　　　2:5=x:12
　　　x=4.8
　　　QP=EP−EQ
　　　　　=10.8−4.8=6(cm)

6 答▶①

②

③
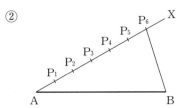

考え方▶① 点Aを通る半直線AXをひいて，等間隔に点P_1，…，P_6をとる。

② 点P_6とBを結ぶ。

③ 点P_1を通り，直線P_6Bと平行な直線をひき，線分ABとの交点をQ_1とする。

Q_2，…，Q_5についても同様である。

27 図形と相似のまとめ　P.56-57

1　**答▶**(1)　∠BDE，∠CBD

(2)　△BDC，△ADB，△DEB，△AED

(3)　$4.8\,\text{cm}\left(\dfrac{24}{5}\,\text{cm}\right)$

(4)　$2.88\,\text{cm}\left(\dfrac{72}{25}\,\text{cm}\right)$

(5)　$15.36\,\text{cm}^2\left(\dfrac{384}{25}\,\text{cm}^2\right)$

考え方▶(3)　△ABC∽△ADB より，

CA：BA＝BC：DB

DB＝$x$cm とすると，

10：6＝8：x

$x=4.8$

(4)　△ABC∽△DEB より求める。

(5)　△BDCの面積＝$\dfrac{1}{2}$×BD×DC

△ABC∽△BDC より，

DC＝6.4cm

$\dfrac{1}{2}×4.8×6.4=15.36(\text{cm}^2)$

2　**答▶**(1)　4：1　　(2)　4cm

考え方▶(1)　対角線ACをひき，対角線BDとの交点をOとする。

BN＝NC，BM＝MA より，

BQ＝QO で，BQ＝$\dfrac{1}{2}$BO

BO＝$\dfrac{1}{2}$BD だから，

BD：BQ＝4：1

(2)　△ARB∽△PRD より，

BR：DR＝AB：PD＝2：1

DR：BD＝1：(1＋2)

DR：12＝1：3　　DR＝4(cm)

3　**答▶**(1)　3cm　　(2)　6cm

考え方▶(1)　△ABDで，PR＝$x$cm とすると，

5：x＝5：3

$x=3$

(2)　△DBCで，RQ＝$y$cm とすると，

7.5：y＝5：2

$y=3$

PQ＝PR＋RQ＝6(cm)

4　**答▶**(1)　2：1　　(2)　4倍

考え方▶(1)　中点連結定理より，

RQ＝$\dfrac{1}{2}$PC

BP＝$\dfrac{1}{2}$PC より，RQ＝BP

RQ∥BP より，錯角が等しく，1辺とその両端の角がそれぞれ等しいから，△RSQ≡△PSB

よって，RS＝PS

中点連結定理より，AR＝RP なので，

AR：RS＝2：1

(2)　AS：SP＝3：1 より，

△ABS：△BPS＝3：1

BP：PC＝1：2 より，

△ABP：△APC＝1：2

△BPSの面積を1とすると，

△ABS＝3，△ABP＝4，

△APC＝8，△ABC＝12

よって，$\dfrac{△ABC}{△ABS}=\dfrac{12}{3}=4$

5　**答▶**(1)　∠BEA(∠AEB)

(2)　4.5cm

考え方▶(1)，(2)　AE＝AD より，

∠AED＝∠ADE

△AEDにおいて，内角と外角の関係より，

∠BEA＝∠EAD＋∠ADE

∠BDC＝∠EAD＋∠AED

これより，

∠BEA＝∠BDC ……①
仮定より，
∠ABE＝∠CBD ……②
①，②より，
2組の角がそれぞれ等しいから，
△ABE∽△CBD
AE：CD＝AB：CB
AD＝AE＝$x$cm とすると，
x：2.5＝6：7.5
7.5x＝15
x＝2
AC＝AD＋CD＝2＋2.5
＝4.5（cm）

28 相似な図形の面積比① P.58-59

1 答▶(1) 1：3 (2) 1：9

2 答▶(1) 4：3 (2) 16：9

考え方▶(2) (1)より，面積の比は，
$4^2：3^2＝16：9$

3 答▶(1) 2：k (2) 4：k^2

4 答▶(1) 1：4 (2) 4：9

5 答▶(1) 2：3 (2) 4：9
(3) 4：9 27

考え方▶(3) 12：S＝4：9，S＝27

6 答▶(1) 50cm^2 (2) 45cm^2

考え方▶(1) 台形A′B′C′D′の面積をScm^{2}と
すると，8：S＝2^2：5^2 となる。
これを解くと，S＝50
(2) △DEFの面積をScm^{2}とする
と，5：S＝1^2：3^2 となる。
これを解くと，S＝45

29 相似な図形の面積比② P.60-61

1 答▶(1) 3：4 (2) 9：16
(3) 64cm^2

考え方▶(3) △CDOの面積をScm^{2}とする

と，△ABOの面積が36cm^{2}だか
ら，36：S＝9：16
これを解くと，S＝64

2 答▶2：5 4：25 4：21 4：21
42

3 答▶(1) 2：1 (2) 4倍 (3) 3：4

考え方▶(1) 中点連結定理より，
DE∥BC，DE＝$\frac{1}{2}$BC
よって，△ABCと△ADEの相
似比は，BC：DE＝2：1
(2) △ABCと△ADEの面積の比は，
$2^2：1^2＝4：1$
よって，△ABCの面積は，
△ADEの面積の4倍である。
(3) （台形DBCEの面積）＝（△ABC
の面積）－（△ADEの面積）だか
ら，△ADEの面積を1とすると，
台形DBCEの面積は，4－1＝3
よって，台形DBCEと△ABC
の面積の比は，3：4

4 答▶1：2：3 1：4：9 1：3
4：5 1：3：5
30

30 相似な立体の表面積の比 P.62-63

1 答▶(1) 24cm^2 (2) 54cm^2
(3) 4：9
(4) 2：3 4：9 2乗

2 答▶9：16

考え方▶相似比は，3：4であるから，
表面積の比は，$3^2：4^2＝9：16$

3 答▶(1) 3：4 (2) 9：16
(3) 9：16

考え方▶(2) 相似な立体の表面積の比は，相
似比の2乗に等しいから，円柱A
と円柱Bの表面積の比は，9：16

4 答▶(1) $\frac{1}{16}$倍 (2) 200cm^2
(3) 16cm^2

考え方▶(2)　GとG'の相似比は2：5だから，
GとG'の表面積の比は，4：25
Gの表面積が32cm²だから，
32：(G'の表面積)＝4：25
これより，G'の表面積は，
200cm²

(3)　HとH'の相似比は3：2だから，
HとH'の表面積の比は，
$3^2：2^2＝9：4$
Hの表面積が36cm²だから，
H'の表面積は，
$36×\dfrac{4}{9}＝16(cm^2)$

31 相似な立体の体積比① P.64-65

1 答▶(1)　2：3　　(2)　8cm³
(3)　27cm³　　(4)　8：27

2 答▶(1)　相似比…2：1，体積の比…8：1
(2)　相似比…1：4，体積の比…1：64
(3)　相似比…3：4，体積の比…27：64

考え方▶相似な立体の体積の比は，相似比の
3乗に等しい。相似比が$a：b$のと
き，体積の比は$a^3：b^3$となる。

3 答▶(1)　2：k　　(2)　8：k^3

4 答▶8：27　　8：27
135

考え方▶AとBの体積の比は，相似比の3乗
に等しいから，$2^3：3^3＝8：27$
Bの体積をVcm³とすると，Aの体
積は40cm³だから，40：V＝8：27
これを解いて，V＝135

5 答▶(1)　128cm³　　(2)　5πcm³

考え方▶(2)　球Cと球Dの相似比は4：1
これより，体積の比は，64：1
球Dの体積をVcm³とすると，
320π：V＝64：1
これを解いて，V＝5π

32 相似な立体の体積比② P.66-67

1 答▶(1)　4：9　　(2)　8：27
(3)　270cm³

考え方▶(1)　AとBの相似比は，2：3
(3)　AとBの体積の比は，8：27
Bの体積をVcm³とすると，
80：V＝8：27
これを解いて，V＝270

2 答▶(1)　3：4　　(2)　9：16
(3)　27：64　　(4)　256cm³

考え方▶(4)　Bの体積をVcm³とすると，(3)
より，108：V＝27：64
これを解いて，V＝256

3 答▶(1)　3：4　　(2)　27：64
(3)　640cm³

4 答▶(1)　4：9　　(2)　8：27
(3)　270cm³

考え方▶(1)　AとBの水面の面積の比は，
20：45＝4：9

5 答▶(1)　2：3：6　　(2)　4：9：36
(3)　8：27：216

考え方▶(1)　AとBとCの相似比は，
8：12：24＝2：3：6
(2)　AとBとCの表面積の比は，相
似比の2乗に等しいから，
$2^2：3^2：6^2＝4：9：36$
(3)　AとBとCの体積の比は，相似
比の3乗に等しいから，
$2^3：3^3：6^3＝8：27：216$

33 相似な立体の体積比③ P.68-69

1 答▶1：2　　1：8　　1：7

2 答▶(1)　1：27　　(2)　1：7
(3)　1：7：19

3 答▶(1)　2：5　　(2)　8：125
(3)　8：117　　(4)　468cm³

考え方▶(2)　体積の比は相似比の3乗に等し
いから，$2^3：5^3＝8：125$
(4)　(3)より，Qの体積は，もとの円

17

すいの体積の $\dfrac{117}{125}$ 倍だから，

$$500 \times \dfrac{117}{125} = 468 \, (\text{cm}^3)$$

4 答▶(1)　$9\pi \, \text{cm}^2$　　(2)　$\dfrac{8}{27}$ 倍

(3)　$24\pi \, \text{cm}^3$　　(4)　$57\pi \, \text{cm}^3$

考え方▶(1)　容器と水の相似比は，

12：8＝3：2

水面の半径を r cm とすると，

9：$2r$＝3：2

$r＝3$

水面の面積は，

$\pi \times 3^2 = 9\pi \, (\text{cm}^2)$

(3)　水面の面積が $9\pi \, \text{cm}^2$ だから，

$$\dfrac{1}{3} \times 9\pi \times 8 = 24\pi \, (\text{cm}^3)$$

(4)　容器の容積は，

$$\dfrac{1}{3} \times \pi \times \left(\dfrac{9}{2}\right)^2 \times 12 = 81\pi \, (\text{cm}^3)$$

よって，$81\pi - 24\pi = 57\pi \, (\text{cm}^3)$

�34 相似な図形の比のまとめ　P.70-71

1 答▶(1)　4：5　　(2)　16：25

(3)　$25 \, \text{cm}^2$

考え方▶(3)　$16 \times \dfrac{25}{16} = 25 \, (\text{cm}^2)$

2 答▶(1)　2：3　　(2)　4：9

(3)　$20 \, \text{cm}^2$

考え方▶(3)　（台形BDECの面積）

＝（△ADE の面積）－（△ABC の面積）だから，

$$16 \times \dfrac{9}{4} - 16 = 20 \, (\text{cm}^2)$$

3 答▶100cm

考え方▶16：25＝4^2：5^2 より，A と B の相似比は，4：5 である。よって，長方形Bの周の長さは，

$$80 \times \dfrac{5}{4} = 100 \, (\text{cm})$$

4 答▶(1)　3：4　　(2)　9：16

(3)　27：64

5 答▶(1)　1：27　　(2)　$4 \, \text{cm}^3$

(3)　1：7：19

考え方▶(2)　L の体積は，$108 \times \dfrac{1}{27} = 4 \, (\text{cm}^3)$

(3)　L と L＋M と L＋M＋N の体積の比は，1：8：27 であるから，

L：M＝1：7 ……①

(L＋M)：N＝8：19 ……②

①，②より，

L：M：N＝1：7：19

6 答▶(1)　8 cm　　(2)　$\dfrac{8}{27}$

�35 円周角①　P.72-73

1 答▶OAP　　OBP

$2\angle a$　　$2\angle b$　　$\angle a + \angle b$

考え方▶△OPA と △OPB は，それぞれ円の半径を2辺とする二等辺三角形である。

底角は等しいから，

∠OPA＝∠OAP＝$\angle a$

∠OPB＝∠OBP＝$\angle b$

また，三角形の外角は，それととなりあわない2つの内角の和に等しい。

2 答▶(1)　50°　　(2)　55°　　(3)　60°

(4)　50°　　(5)　50°　　(6)　130°

考え方▶(1)　円周角 $\angle x$ の大きさは中心角の大きさの半分である。

よって，$\angle x = 100° \times \dfrac{1}{2} = 50°$

(3)　同じ弧に対する円周角の大きさは等しいから，∠APB＝∠AQB

(5)　$\angle x = 25° \times 2 = 50°$

(6)　$\angle x = 65° \times 2 = 130°$

�36 円周角②　P.74-75

1 答▶(1)　80°　　(2)　105°　　(3)　260°

(4)　220°　　(5)　105°　　(6)　80°

考え方▶(3)　$\angle x = 130° \times 2 = 260°$

(4)　$360° - \angle x = 70° \times 2$

(5) $\angle x \times 2 = 360° - 150°$
$\angle x = 105°$
(6) $360° - \angle x = 140° \times 2$
$\angle x = 80°$

2 答▶(1) **90°**　　(2) **40°**

考え方▶(1) 半円の弧に対する円周角は90°
(2) 三角形の内角の和より，
$\angle x = 180° - (90° + 50°) = 40°$

3 答▶(1) **70°**　　(2) **60°**
(3) **55°**　　(4) **120°**

考え方▶(1) 点AとDを結ぶと，
$\angle BAD = \angle BCD = 20°$
$\angle ADB = 90°$
△ABDの内角の和より，
$\angle x = 180° - (20° + 90°) = 70°$
(2) $\angle ABD = \angle ACD$,
$\angle ADB = 90°$
(3) 点BとDを結ぶと，
$\angle BDC = \angle BAC = 35°$
また，$\angle ADB = 90°$
よって，$\angle x = 90° - 35° = 55°$
(4) 点BとCを結ぶと，
$\angle ACB = 90°$, $\angle BCD = 30°$

4 答▶

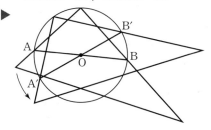

考え方▶AとB，A′とB′をそれぞれ結び，
線分ABとA′B′の交点をOとする。

1 答▶(1) 円周角　　弧
(2) COD
AOB
COD
CQD

2 答▶CAD　　$\overparen{DC}$

3 答▶(1) $x = 5$　　(2) $x = 30$
(3) $x = 48$　　(4) $x = 12$
(5) $x = 18$　　(6) $x = 24$

考え方▶(3) $9 : 12 = 36 : x$
$9x = 12 \times 36$
$x = \dfrac{12 \times 36}{9}$
$= 48$
(5) $14 : x = 35 : 45$
$35x = 14 \times 45$
$x = \dfrac{14 \times 45}{35}$
$= 18$
(6) $4 : x = 15 : 90$
$15x = 4 \times 90$
$x = \dfrac{4 \times 90}{15}$
$= 24$

4 答▶**5 : 7**

考え方▶CとO，DとOをそれぞれ結ぶと，
$\angle AOD = 30° \times 2 = 60°$
$\angle BOC = 25° \times 2 = 50°$
$\angle COD = 180° - (60° + 50°)$
$= 70°$
よって，$\overparen{BC} : \overparen{CD}$
$= \angle BOC : \angle COD$
$= 50° : 70°$
$= 5 : 7$

1 答▶(1) **＜**　(2) **＝**　(3) **＞**
(4) **＞**　(5) **＜**

2 答▶(1) **外部**　(2) **円周上**　(3) **内部**

考え方▶(1) $\angle APB < 55°$より，点Pは円O
の外部にある。
(2) $\angle APB = 55°$より，点Pは円O
の円周上にある。
(3) $\angle APB > 55°$より，点Pは円O
の内部にある。

3 答▶(1) ×　　　(2) ○

(3) ×　　　(4) ○

考え方▶(1) ∠BAC＞∠BDC より，1つの
円周上にない。

(2) ∠BAC＝∠BDC より，1つの
円周上にある。

(3) ∠BAC＞∠BDC より，1つの
円周上にない。

(4) ∠CAD＋∠ADB＝75° より，
∠CAD＝35°

よって，∠CAD＝∠CBD より，
1つの円周上にある。

4 答▶(1) ∠ACD　(2) ∠BDC

(3) △CBP

考え方▶(1) ∠ACB＝∠ADB より，4点A，
B，C，Dは同一円周上にある。

よって，同じ弧に対する円周角
は等しいから，∠ABD＝∠ACD

(3) 三角形の相似条件のうち，2組
の角がそれぞれ等しいことが成り
立つ2つの三角形をさがす。

㊴ 円周角⑤　　　　　P.80-81

1 答▶ABE　　　DCE

BAE　　　CDE

ABE　　　DCE

2組の角

2 答▶△ABEと△DBCにおいて，

$\overset{\frown}{AD}=\overset{\frown}{DC}$ より，

∠ABE＝∠DBC ……①

$\overset{\frown}{BC}$ に対する円周角は等しいから，

∠BAE＝∠BDC ……②

①，②より，2組の角がそれぞれ等しい
から，△ABE∽△DBC

考え方▶1つの円で，長さが等しい弧に対す
る円周角は等しいから，

∠ABE＝∠DBC

同じ弧（$\overset{\frown}{BC}$）に対する円周角は等し
いから，∠BAE＝∠BDC がいえる。

3 答▶90°　　　垂直

考え方▶円の接線は，その接点を通る半径に
垂直であることを使う。

4 答▶点AとO，PとO，P′とOをそれぞれ
結ぶ。

△AOPと△AOP′において，

円Oの半径だから，OP＝OP′ ……①

AOは共通 ……②

円の接線は接点を通る半径に垂直である
から，

∠APO＝∠AP′O＝90° ……③

①，②，③より，直角三角形の斜辺と他
の1辺がそれぞれ等しいので，

△AOP≡△AOP′

したがって，AP＝AP′

5 答▶△ADBと△ACEにおいて，

$\overset{\frown}{AB}$ に対する円周角は等しいから，

∠ADB＝∠ACE ……①

ADは円Oの直径だから，

∠ABD＝90°

仮定より，∠AEC＝90°

よって，∠ABD＝∠AEC＝90° ……②

①，②より，2組の角がそれぞれ等しい
ので，△ADB∽△ACE

㊵ 円周角のまとめ　　　P.82-83

1 答▶(1) 50°　　　(2) 150°

(3) 130°　(4) 70°　(5) 95°

(6) 40°　(7) 95°　(8) 45°

(9) 55°

考え方▶(1) $\angle x=100°×\dfrac{1}{2}=50°$

(2) $\angle x=75°×2=150°$

(3) $\angle x=260°×\dfrac{1}{2}=130°$

(4) $360°-220°=140°$

$\angle x=140°×\dfrac{1}{2}=70°$

(5) ∠x は三角形の外角だから，

$\angle x=70°+25°=95°$

(6) $\angle x=90°-50°=40°$

(7) $\angle x+50°+35°=180°$

$\angle x=180°-(50°+35°)=95°$

(8) $\angle x=25°+20°=45°$

(9) $\angle x=30°+25°=55°$

2 答▶△ACPと△DCAにおいて，
$\overset{\frown}{AC}=\overset{\frown}{BC}$ だから，円周角の定理より，
∠CAP＝∠CDA ……①
また，∠ACP＝∠DCA ……②
①，②より，2組の角がそれぞれ等しい
から，△ACP∽△DCA

3 答▶(1) **40°**　　(2) **40°**　　(3) **75°**

(4) **25°**

考え方▶(1)　$\angle ABD=180°-(90°+50°)$
　　　　　　　　　$=40°$

(2)　$\overset{\frown}{AD}$ に対する円周角だから，
　　　∠ACD＝∠ABD＝40°

(3)　∠AEB＝∠CED
　　　　　　$=180°-(65°+40°)$
　　　　　　$=75°$

(4)　∠BAO＝∠ABO＝40°
　　　∠AOE＝40°×2＝80°
　　　△EAOで，
　　　∠EAO＝180°－(80°+75°)
　　　　　　$=25°$

---

41 三平方の定理① 　P.84-85

1 答▶(1) **16cm²**　　(2) **9cm²**

(3) **25cm²**　　　(4) $S_1+S_2=S_3$

(5) $S_1=a^2$　　$S_2=b^2$　　$S_3=c^2$

(6) $a^2+b^2=c^2$

考え方▶(1)　BC＝4cmだから，S_1 の面積は，
　　　　　　$4×4=16(cm^2)$

(2)　AC＝3cmだから，S_2 の面積は，
　　　$3×3=9(cm^2)$

(3)　正方形CDEFの面積は，
　　　$7×7=49(cm^2)$

　　　四すみにある4つの三角形の面
　　　積は，どれも
　　　$\dfrac{1}{2}×3×4=6(cm^2)$

　　　よって，S_3 の面積は，
　　　$49-6×4=49-24$

$=25(cm^2)$

2 答▶**10**

考え方▶三平方の定理より，$a^2+b^2=c^2$ が成
　　　り立つから，
　　　$8^2+6^2=c^2$　　$c^2=100$
　　　$c>0$ より，$c=10$

3 答▶$a+b$

$\dfrac{1}{2}ab$

$\dfrac{1}{2}ab$

$c^2+\dfrac{1}{2}ab×4$　　(c^2+2ab)

c^2+2ab

c^2

4 答▶(1) **100cm²**　　(2) **10cm**

---

42 三平方の定理② 　P.86-87

1 答▶(1)　三平方の定理

BC²

AB²

BC²

(2) **6**

100

10

(3) **7**　　　　**36**

6

2 答▶(1) $x=\sqrt{41}$

(2) $y=2\sqrt{3}$　　(3) $z=2\sqrt{2}$

考え方▶(1)　三平方の定理より，
　　　　$x^2=5^2+4^2=41$
　　　　$x>0$ であるから，$x=\sqrt{41}$

(2)　$y^2=4^2-2^2=12$
　　　$y>0$ であるから，$y=2\sqrt{3}$

(3)　$z^2=(2\sqrt{3})^2-2^2=8$
　　　$z>0$ であるから，$z=2\sqrt{2}$

3 答▶(1) **15cm**　　(2) $2\sqrt{3}$ **cm**

(3) **4cm**

考え方▶(1) 右の図
のような
直角三角
形ABC
になる。
　三平方
の定理より，
$BC^2=9^2+12^2=225$
$BC=15(cm)$

(2) 右の図の
ような直角
三角形
ABCにな
る。三平方
の定理より，
$CA^2=4^2-2^2=12$
$CA=2\sqrt{3}\ (cm)$

(3) 三平方の定理より，
$CA^2=(\sqrt{7}\ )^2+3^2=16$
$CA=4(cm)$

43 三平方の定理③　P.88-89

1 答▶(1) **4**　　　(2) **$2\sqrt{14}$**

2 答▶(1) **25cm**　　(2) **5 : 4**
(3) **12cm**　　(4) **54cm²**

考え方▶(2) 辺BCと辺BAが対応している
ので，相似比は，25 : 20＝5 : 4
(4) △HACの面積＝$\frac{1}{2}$×HC×AH
三平方の定理より，
$HC^2=15^2-12^2=81$
$HC=9(cm)$
よって，△HAC＝$\frac{1}{2}$×9×12
　　　　　　　　＝54(cm²)

3 答▶(1) **8cm**　　(2) **48cm²**

考え方▶(1) $BH=\frac{1}{2}BC=6(cm)$
三平方の定理より，
$AH^2=10^2-6^2=64$

$AH=8(cm)$

4 答▶(1) **8cm**　　(2) **10cm**

考え方▶(1) 三平方の定理より，
$CD^2=17^2-15^2=64$
$CD=8(cm)$
(2) 三平方の定理より，
$AB^2=8^2+(15-9)^2$
　　　$=64+36=100$
$AB=10(cm)$

5 答▶(1) **$\sqrt{29}$ m**　　(2) **$(12.6+\sqrt{29})$ m**

考え方▶(1) 三平方の定理より，
$AB^2=2.8^2+4.6^2$
　　　$=7.84+21.16=29$
$AB=\sqrt{29}\ (m)$
(2) $6+4+(6-4.6)+\sqrt{29}$
$+(4-2.8)=12.6+\sqrt{29}\ (m)$

44 三平方の定理の逆　P.90-91

1 答▶b^2　　a^2+b^2
c^2　　3辺　　90

2 答▶(1) **∠C**　(2) **∠A**　(3) **∠B**

考え方▶(1) $10^2=8^2+6^2$ より，
$AB^2=BC^2+CA^2$ だから，∠Cが
直角。

(2) $9^2=6^2+(3\sqrt{5}\ )^2$ より，
$BC^2=AB^2+CA^2$ だから，∠Aが
直角。
(3) $(\sqrt{19}\ )^2=(\sqrt{3}\ )^2+4^2$ より，
$CA^2=AB^2+BC^2$ だから，∠Bが
直角。

3 答▶(1) × (2) ○

考え方▶(1) $8^2+10^2=164$, $12^2=144$
$8^2+10^2 \neq 12^2$ であるから,
△ABCは直角三角形でない。
(2) $(2\sqrt{3})^2+(\sqrt{13})^2=25$, $5^2=25$
であるから, △ABC は直角三角
形である。

4 答▶(1) **C** (2) **B**

考え方▶(1) A. $2^2+3^2<4^2$
B. $5^2+10^2<12^2$
C. $8^2+15^2=17^2$
よって, 直角三角形はCである。
(2) A. $(\sqrt{3})^2+(\sqrt{5})^2>(\sqrt{7})^2$
B. $(\sqrt{2})^2+(2\sqrt{2})^2=(\sqrt{10})^2$
C. $(\sqrt{3})^2+2^2>(\sqrt{5})^2$
よって, 直角三角形はBである。

45 特別な辺の比の直角三角形① P.92-93

1 答▶(1) **30°** (2) **1 cm**
(3) $\sqrt{3}$ **cm** (4) **2：1：$\sqrt{3}$**

考え方▶(1) AD は辺BCの垂直二等分線で
あり, △ABC は正三角形である
から, ∠ABD=60°, ∠ADB=90°
よって, ∠BAD=30°
(3) 三平方の定理より,
$AD^2=2^2-1^2=3$
よって, AD=$\sqrt{3}$ (cm)

2 答▶(1) $x=3$ (2) $y=3\sqrt{3}$

考え方▶90°, 30°, 60°の直角三角形の辺の比
は, 2：1：$\sqrt{3}$ である。
(1) $6：x=2：1$ より,
$2x=6$　$x=3$
(2) $6：y=2：\sqrt{3}$ より,
$2y=6\sqrt{3}$　$y=3\sqrt{3}$

3 答▶(1) $x=10$ (2) $y=6\sqrt{3}$
(3) $z=4$

4 答▶(1) $x=2\sqrt{3}$ (2) $y=4\sqrt{3}$
(3) $z=5\sqrt{3}$

5 答▶(1) **6 cm** (2) **$6\sqrt{3}$ cm**
(3) **60°**

考え方▶点Dから辺BCに垂線DIをひく。
(1) BH=IC, HI=AD=6cm だか
ら, BH=(18-6)÷2=6(cm)と
なる。
(3) 直角三角形ABHの辺の比は,
AB：BH：AH=2：1：$\sqrt{3}$
となるから, ∠ABH=60°

46 特別な辺の比の直角三角形② P.94-95

1 答▶(1) **45°** (2) **$\sqrt{2}$ cm**
(3) **1：1：$\sqrt{2}$**

考え方▶(2) 三平方の定理より,
$AC^2=AB^2+BC^2$
$=1^2+1^2=2$
よって, AC=$\sqrt{2}$ (cm)

2 答▶(1) $x=4\sqrt{2}$ (2) $x=8$

考え方▶90°, 45°, 45°の直角三角形の辺の
比は, 1：1：$\sqrt{2}$ である。

3 答▶(1) $x=2$ (2) $y=\dfrac{3\sqrt{2}}{2}$
(3) $z=2\sqrt{2}$

考え方▶(1) $x：\sqrt{2}=\sqrt{2}：1$ より, $x=2$
(2) $y：3=1：\sqrt{2}$ より, $y=\dfrac{3\sqrt{2}}{2}$
(3) $4：z=\sqrt{2}：1$ より, $z=2\sqrt{2}$

4 答▶(1) **$\sqrt{2}$ cm** (2) **2 cm**
(3) **4 cm**

考え方▶(1) 直角三角形ABCで,
BC=$\sqrt{2}$ cm
直角三角形BCDで,
CD=BC=$\sqrt{2}$ cm
(2) 直角三角形BCDで,
BD=$\sqrt{2}×\sqrt{2}=2$(cm)
よって, DE=2cm
(3) BE=$2\sqrt{2}$ cm だから,
BF=$2\sqrt{2}×\sqrt{2}=4$(cm)

5 答▶(1) **3 cm** (2) **$3\sqrt{2}$ cm**
(3) **$(3\sqrt{3}-3)$ cm**

▶(1) AC：AB＝1：2

　　　　AC：6＝1：2

　　　　よって，AC＝3(cm)

　　(2) AC：AD＝1：$\sqrt{2}$

　　　　3：AD＝1：$\sqrt{2}$

　　　　よって，AD＝$3\sqrt{2}$(cm)

　　(3) BC：AC＝$\sqrt{3}$：1

　　　　BC：3＝$\sqrt{3}$：1

　　　　よって，BC＝$3\sqrt{3}$(cm)

　　　　DC＝AC＝3cm より，

　　　　BD＝BC－DC＝$3\sqrt{3}$－3(cm)

47 特別な辺の比の直角三角形③ P.96-97

1 答▶(1) $x＝4\sqrt{3}$　(2) $x＝3\sqrt{3}$

　(3) $x＝5\sqrt{2}$　　(4) $x＝3\sqrt{2}$

　(5) $x＝\dfrac{9\sqrt{3}}{2}$

考え方▶(1) 90°，30°，60°の直角三角形の

　　　　辺の比は，2：1：$\sqrt{3}$ である。

　　(2) △BCHは90°，30°，60°の

　　　　三角形である。

　　(3) 90°，45°，45°の直角三角形の辺

　　　　の比は，1：1：$\sqrt{2}$ である。

2 答▶$2\sqrt{6}$ cm

考え方▶CD：BC＝1：$\sqrt{3}$

　　　　4：BC＝1：$\sqrt{3}$

　　　　よって，BC＝$4\sqrt{3}$(cm)

　　　　AB：BC＝1：$\sqrt{2}$

　　　　AB：$4\sqrt{3}$＝1：$\sqrt{2}$

　　　　よって，AB＝$2\sqrt{6}$(cm)

3 答▶(1) 3 cm　　(2) 6 cm

　(3) 26 cm

考え方▶(1) BH＝(10－4)÷2＝3(cm)

　　(2) BH：AB＝1：2

　　　　3：AB＝1：2

　　　　よって，AB＝6(cm)

4 答▶(1) 4 cm　　(2) $(6＋8\sqrt{3})$ cm²

考え方▶(1) 直角三角形ABHで，

　　　　AB：AH＝2：1，8：AH＝2：1

　　　　よって，AH＝4(cm)

　　(2) 直角三角形ABHで，

　　　　AB：BH＝2：$\sqrt{3}$

　　　　8：BH＝2：$\sqrt{3}$

　　　　よって，BH＝$4\sqrt{3}$(cm)

　　　　直角三角形AHCで，

　　　　HC²＝5²－4²＝9

　　　　HC＝3(cm)

　　　　△ABC＝$\dfrac{1}{2}$×BC×AH

　　　　　　　＝$\dfrac{1}{2}$×$(4\sqrt{3}＋3)$×4

　　　　　　　＝$6＋8\sqrt{3}$(cm²)

48 三平方の定理の応用① P.98-99

1 答▶(1) $\sqrt{2}$　　(2) $\sqrt{2}\,a$

2 答▶(1) $8\sqrt{2}$ cm　(2) 6 cm

　(3) 4 cm　　(4) $8\sqrt{2}$ cm

考え方▶(1) 正方形の対角線の長さを x cm

　　　　とすると，8：x＝1：$\sqrt{2}$

　　　　よって，$x＝8\sqrt{2}$

　　(3) 正方形の1辺の長さを y cm と

　　　　すると，y：$4\sqrt{2}$＝1：$\sqrt{2}$

　　　　よって，$y＝4$

3 答▶(1) $a^2＋b^2＝c^2$

　(2) $\sqrt{a^2＋b^2}$　(3) $\sqrt{41}$

4 答▶(1) $\sqrt{202}$ cm　(2) 6 cm

考え方▶縦の長さが a，横の長さが b の長方

　　　　形の対角線の長さは，$\sqrt{a^2＋b^2}$

　　(1) $\sqrt{9^2＋11^2}＝\sqrt{202}$(cm)

　　(2) $\sqrt{(2\sqrt{3})^2＋(2\sqrt{6})^2}＝\sqrt{36}$

　　　　＝6(cm)

5 答▶(1) 6 cm　　(2) $6\sqrt{3}$ cm

考え方▶

(1) 対角線ACをひくと，△ABC，△ADCは1辺の長さが6cmの正三角形である。

(2) 対角線ACとBDの交点をHとし，三平方の定理を用いると，
$BH^2=6^2-3^2=27$
　　　よって，$BH=3\sqrt{3}$（cm）となるから，$BD=3\sqrt{3}\times2=6\sqrt{3}$（cm）

�49 三平方の定理の応用② P.100-101

1 答▶(1) **30°**　　(2) $\dfrac{1}{2}$
　　(3) $\dfrac{\sqrt{3}}{2}$　　(4) $\dfrac{\sqrt{3}}{4}$

考え方▶△ABHにおいて，
AB：BH：AH＝2：1：$\sqrt{3}$

2 答▶(1) $\dfrac{\sqrt{3}}{2}a$　　(2) $\dfrac{\sqrt{3}}{4}a^2$

考え方▶(2) $\dfrac{1}{2}\times BC\times AH=\dfrac{1}{2}\times a\times\dfrac{\sqrt{3}}{2}a$
　　　　　　$=\dfrac{\sqrt{3}}{4}a^2$

3 答▶(1) $2\sqrt{3}$ cm　　(2) **3 cm**

4 答▶(1) $25\sqrt{3}$ cm²　　(2) $12\sqrt{3}$ cm²

考え方▶1辺の長さaの正三角形の面積は，$\dfrac{\sqrt{3}}{4}a^2$ と表せる。

5 答▶(1) $3\sqrt{3}$ cm　　(2) **6 cm**
　　(3) $9\sqrt{3}$ cm²

考え方▶(1)　BO＝AO＝$2\sqrt{3}$ cm だから，
　　　BO：OH＝2：1
　　　$2\sqrt{3}$：OH＝2：1
　　　　よって，OH＝$\sqrt{3}$（cm）
　　　AH＝AO＋OH＝$3\sqrt{3}$（cm）
　(2)　正三角形の高さは，
　　　1辺の長さ×$\dfrac{\sqrt{3}}{2}$ より，正三角形の1辺の長さは
　　　$3\sqrt{3}\div\dfrac{\sqrt{3}}{2}=6$（cm）
　(3)　正三角形の面積は，

$\dfrac{\sqrt{3}}{4}\times6^2=9\sqrt{3}$（cm²）

㊿ 三平方の定理の応用③ P.102-103

1 答▶**3**
　　16
　　4
　　4　　**8**

2 答▶(1) $4\sqrt{66}$ cm　　(2) **4 cm**

考え方▶半径rの円の中心からの距離がdである弦の長さをℓとすると，
　　　$\ell=2\sqrt{r^2-d^2}$
　　　と表せることを使う。
　(2)　求める距離を$d$cmとすると，
　　　$6\div2=3$（cm）だから，
　　　$d=\sqrt{5^2-3^2}=\sqrt{16}=4$

3 答▶(1) $10\sqrt{3}$ cm　　(2) $25\sqrt{3}$ cm²

考え方▶点Oから弦ABに垂線OPをひく。直角三角形OAPで，

　　　AP：OA
　　　＝$\sqrt{3}$：2
　　　AP：10＝$\sqrt{3}$：2より，
　　　AP＝$5\sqrt{3}$（cm）

4 答▶$5\sqrt{3}$ cm

考え方▶∠OAP＝90° であるから，△OAPは直角三角形である。よって，三平方の定理より，PA＝$5\sqrt{3}$ cm

5 答▶(1) **13cm**　　(2) **8 cm**

考え方▶(1)　∠OAP＝90° だから，△OAPは直角三角形である。
　(2)　弦ABは小さい円に接するので，円の中心から3cmの距離にある。
　　　　よって，弦の長さは，
　　　$2\times\sqrt{5^2-3^2}=2\sqrt{16}=8$（cm）

1 答▶8

  2

  10

  6

  8

2 答▶$\dfrac{20\sqrt{3}-8\pi}{3}$ cm^2

考え方▶O と C を結ぶ。O から AC に垂線 OH をひくと，△AOH と△COH は合同な直角三角形となる。

OA＝4 cm より，

OH＝$4\times\dfrac{1}{2}=2$(cm)

AH＝$2\times\sqrt{3}=2\sqrt{3}$(cm)

直角三角形 ABD で，AB＝8 cm より，BD＝$8\times\dfrac{1}{\sqrt{3}}=\dfrac{8\sqrt{3}}{3}$(cm)

よって，斜線部分の面積は，△ABD の面積から△AOH と△COH とおうぎ形 OBC の面積をひいて求められる。

$\dfrac{1}{2}\times\dfrac{8\sqrt{3}}{3}\times8-2\times\dfrac{1}{2}\times2\sqrt{3}\times2$

$\qquad\qquad -\pi\times4^2\times\dfrac{60}{360}$

$=\dfrac{20\sqrt{3}-8\pi}{3}$ (cm^2)

3 答▶(1) 6 cm   (2) $8\sqrt{3}+6$ (cm^2)

考え方▶(1) BD＝$\sqrt{10^2-8^2}=6$(cm)

  (2) A から BC に垂線 AH をひくと，△ACH∽△ADB がいえる。

    AC：AD＝AH：AB より，

   5：10＝AH：8

    AH＝4(cm)

    よって，三平方の定理より，

    CH＝$\sqrt{5^2-4^2}=3$(cm)

    BH＝$\sqrt{8^2-4^2}=4\sqrt{3}$(cm)

    したがって，求める面積は，

$\dfrac{1}{2}\times(4\sqrt{3}+3)\times4=8\sqrt{3}+6$(cm^2)

4 答▶144π cm^2

考え方▶切り口の円の半径は，

$\sqrt{13^2-5^2}=12$(cm)

したがって，求める面積は，

$\pi\times12^2=144\pi$ (cm^2)

5 答▶6 cm

考え方▶この円すいを球の中心 O と B，C を通る平面で切って考えると，△ABE∽△AOD がいえる。

△AOD で，AO＝8－3＝5(cm)，

DO＝3 cm だから，

AD＝$\sqrt{5^2-3^2}=4$(cm)

よって，AE：AD＝BE：OD

8：4＝BE：3   BE＝6(cm)

したがって，求める円すいの底面の円の半径は 6 cm である。

1 答▶(1) $24\sqrt{3}$ cm^2 (2) $2\sqrt{7}$ cm

考え方▶(1) AH＝$\sqrt{6^2-3^2}=\sqrt{27}$

      ＝$3\sqrt{3}$ (cm)

    （台形の面積）

    ＝$\dfrac{1}{2}\times\{(上底)+(下底)\}\times(高さ)$

    ＝$\dfrac{1}{2}\times(6+10)\times3\sqrt{3}$

    ＝$24\sqrt{3}$ (cm^2)

2 答▶(1) $2\sqrt{55}$ cm   (2) $6\sqrt{55}$ cm^2

  (3) 5.75 cm$\left(\dfrac{23}{4}\text{ cm}\right)$

考え方▶(1) BD＝$2\times\sqrt{8^2-3^2}=2\sqrt{55}$(cm)

  (3) ひし形の面積は，BC×AH で求められる。

3 答▶$2\sqrt{3}$ cm^2

考え方▶∠B'OB＝∠A'OA＝60°

OB＝OB' だから，△OBB' は，正三角形である。

4 答▶(1) (x^2+9^2)：$(x^2+4^2)=9$：4

  (2) 6 cm

考え方▶(1) $AB^2=AH^2+BH^2$

$AC^2=AH^2+CH^2$

(2) $9(x^2+4^2)=4(x^2+9^2)$

$9x^2+144=4x^2+324$

$5x^2=180$

$x^2=36$

$x=6$

5 **答▶5 cm**

考え方▶$MP=x$ cm とすると，

$BP=MP=x$ cm

$AP=(8-x)$ cm

直角三角形APMで，三平方の定理より，

$MP^2=AM^2+AP^2$

$x^2=4^2+(8-x)^2$

$x^2=16+(x^2-16x+64)$

$16x=80$

$x=5$

53 三平方の定理の応用⑥ P.108-109

1 **答▶7**

6

5　3

34

2 **答▶**(1) $\sqrt{34}$　　(2) $\sqrt{13}$

(3) $3\sqrt{5}$

考え方▶(1) $\sqrt{(4-1)^2+\{3-(-2)\}^2}$

$=\sqrt{9+25}=\sqrt{34}$

(2) $\sqrt{\{1-(-2)\}^2+(-2-0)^2}$

$=\sqrt{9+4}=\sqrt{13}$

(3) $\sqrt{\{4-(-2)\}^2+(3-0)^2}$

$=\sqrt{36+9}=\sqrt{45}=3\sqrt{5}$

3 **答▶**(1) $2\sqrt{10}$ m　　(2) $2\sqrt{10}$ m

(3) $4\sqrt{5}$ m

(4) **AB＝BC の直角二等辺三角形**

考え方▶(1) $\sqrt{\{2-(-4)\}^2+\{-4-(-2)\}^2}$

$=\sqrt{36+4}=\sqrt{40}=2\sqrt{10}$ (m)

(2) $\sqrt{(4-2)^2+\{2-(-4)\}^2}$

$=\sqrt{4+36}=\sqrt{40}=2\sqrt{10}$ (m)

(3) $\sqrt{(-4-4)^2+(-2-2)^2}$

$=\sqrt{64+16}=\sqrt{80}=4\sqrt{5}$ (m)

(4) 辺の比が $1:1:\sqrt{2}$ より，

△ABC は直角二等辺三角形である。

4 **答▶**(1)　A…$(3,\ 9)$　　　B…$(-1,\ 1)$

(2) $4\sqrt{5}$　　(3) **6**

考え方▶(2) $\sqrt{(-1-3)^2+(1-9)^2}$

$=\sqrt{16+64}=\sqrt{80}=4\sqrt{5}$

(3) $\dfrac{1}{2}\times(1+9)\times4-\dfrac{1}{2}\times1\times1$

$-\dfrac{1}{2}\times3\times9=6$

また，直線ABと y 軸との交点を$(0,\ 3)$と求めてから，

$\dfrac{1}{2}\times3\times(1+3)=6$

と計算することもできる。

54 三平方の定理の応用⑦ P.110-111

1 **答▶**(1) $\sqrt{2}$　　(2) $\sqrt{3}$

(3) $\sqrt{2}\,a$　　　(4) $\sqrt{3}\,a$

考え方▶(1) $EG=\sqrt{1^2+1^2}=\sqrt{2}$

(2) $AG^2=AE^2+EG^2$

$AE^2=1$，$EG^2=2$ より，

$AG=\sqrt{1+2}=\sqrt{3}$

(3) $EG=\sqrt{a^2+a^2}=\sqrt{2a^2}=\sqrt{2}\,a$

(4) $AE^2=a^2$，$EG^2=2a^2$ より，

$AG=\sqrt{a^2+2a^2}=\sqrt{3}\,a$

2 **答▶**(1) $2\sqrt{3}$ cm　　(2) 3 cm

考え方▶1を参考にする。

3 **答▶**(1) $\sqrt{41}$ cm　　(2) $5\sqrt{2}$ cm

考え方▶(1) $EG=\sqrt{EF^2+FG^2}$

$=\sqrt{16+25}=\sqrt{41}$ (cm)

(2) △AEGは $\angle AEG=90°$ の直角三角形だから，

$AG=\sqrt{AE^2+EG^2}$

$=\sqrt{9+41}=5\sqrt{2}$ (cm)

4 **答▶**(1) $\sqrt{a^2+b^2}$　　(2) $\sqrt{a^2+b^2+c^2}$

考え方▶(1) $EG=\sqrt{FG^2+EF^2}$

$$= \sqrt{a^2+b^2}$$

(2) $AG = \sqrt{AE^2+EG^2}$
$= \sqrt{c^2+(a^2+b^2)}$
$= \sqrt{a^2+b^2+c^2}$

⑤ 答▶(1) $3\sqrt{10}$ cm　(2) 15 cm

考え方▶④を参考にする。

(1) $\sqrt{4^2+5^2+7^2}$
$= \sqrt{90} = 3\sqrt{10}$ (cm)

(2) $\sqrt{10^2+10^2+5^2}$
$= \sqrt{225} = 15$ (cm)

55 三平方の定理の応用⑧ P.112-113

① 答▶$8\sqrt{2}$

$4\sqrt{2}$

12　　$4\sqrt{2}$　　112

$4\sqrt{7}$

64

64　　$4\sqrt{7}$

$\dfrac{256\sqrt{7}}{3}$

② 答▶(1) $\sqrt{82}$ cm　(2) $12\sqrt{82}$ cm³

考え方▶(1) $AH = \dfrac{1}{2}AC$ である。

$AC = 6\sqrt{2}$ cm
よって，$AH = 3\sqrt{2}$ cm
$OA^2 = OH^2 + AH^2$ より，
$OH = \sqrt{OA^2 - AH^2}$
$= \sqrt{100-18} = \sqrt{82}$ (cm)

(2) この正四角すいの体積は，
$\dfrac{1}{3} \times (AB \times BC) \times OH$ で求められ
るので，
$\dfrac{1}{3} \times (6\times 6) \times \sqrt{82} = 12\sqrt{82}$ (cm³)

③ 答▶(1) $3\sqrt{3}$ cm　(2) $9\sqrt{3}$ cm²
(3) $2\sqrt{3}$ cm　　(4) $2\sqrt{6}$ cm
(5) $18\sqrt{2}$ cm³

考え方▶(1) $DM^2 = BD^2 - BM^2$ より，
$DM = \sqrt{6^2-3^2} = \sqrt{27} = 3\sqrt{3}$ (cm)

(2) $\dfrac{1}{2} \times BC \times DM = \dfrac{1}{2} \times 6 \times 3\sqrt{3}$

$= 9\sqrt{3}$ (cm²)

(3) BH : BM = 2 : $\sqrt{3}$
BH : 3 = 2 : $\sqrt{3}$
$\sqrt{3}$ BH = 6
BH = $\dfrac{6}{\sqrt{3}} = 2\sqrt{3}$ (cm)

(4) $AH^2 = AD^2 - DH^2$ より，
$AH = \sqrt{6^2-12} = \sqrt{24} = 2\sqrt{6}$ (cm)

(5) この正四面体の体積は，
$\dfrac{1}{3} \times \triangle BCD \times AH$ より，

$\dfrac{1}{3} \times 9\sqrt{3} \times 2\sqrt{6} = 18\sqrt{2}$ (cm³)

56 三平方の定理の応用⑨ P.114-115

① 答▶(1) $6\sqrt{2}$ cm　(2) $18\sqrt{2}\,\pi$ cm³

考え方▶(1) 直角三角形AOBで，
$AO = \sqrt{9^2-3^2} = \sqrt{72} = 6\sqrt{2}$ (cm)

(2) $\dfrac{1}{3} \times \pi \times 3^2 \times 6\sqrt{2}$
$= 18\sqrt{2}\,\pi$ (cm³)

② 答▶(1) $4\sqrt{3}$ cm　(2) 5 cm

考え方▶(1) 直角三角形AOCの辺の比は，
$2 : 1 : \sqrt{3}$

(2) $AC = \sqrt{AO^2 + OC^2}$
$= \sqrt{4^2+3^2} = 5$ (cm)

③ 答▶(1) 6 cm　　(2) 8 cm
(3) 96π cm³

考え方▶(1) 底面の円周の長さは，

$20\pi \times \dfrac{216}{360} = 12\pi$ (cm)

(2) $\sqrt{10^2-6^2} = \sqrt{64} = 8$ (cm)

(3) $\dfrac{1}{3} \times \pi \times 6^2 \times 8 = 96\pi$ (cm³)

④ 答▶(1) $2\sqrt{17}$ cm　(2) $4\sqrt{17}\,\pi$ cm²
(3) $(4+4\sqrt{17})\,\pi$ cm²

考え方▶(1) 直角三角形AOCで，
$AC = \sqrt{8^2+2^2} = \sqrt{68} = 2\sqrt{17}$ (cm)

(2) $\pi \times (2\sqrt{17})^2 \times \dfrac{2\pi \times 2}{2\pi \times 2\sqrt{17}}$

$= 4\sqrt{17}\,\pi$ (cm²)

(3)　$\pi \times 2^2 + 4\sqrt{17}\,\pi$

　　$=4\pi + 4\sqrt{17}\,\pi$

　　$=(4+4\sqrt{17}\,)\pi\,(\text{cm}^2)$

57 三平方の定理のまとめ① P.116-117

1 答▶(1)　$x=20$　　(2)　$x=8\sqrt{3}$

考え方▶(1)　$x=\sqrt{16^2+12^2}=\sqrt{400}=20$

　　(2)　$x=\sqrt{16^2-8^2}=\sqrt{192}=8\sqrt{3}$

2 答▶(1)　$3\sqrt{2}$ cm　　(2)　$3\sqrt{5}$ cm

考え方▶(1)　$\text{BD}=\sqrt{\text{BC}^2+\text{CD}^2}$

　　　　　　$=\sqrt{3^2+3^2}=\sqrt{18}=3\sqrt{2}\,(\text{cm})$

　　(2)　$\text{BF}=\sqrt{\text{BE}^2+\text{EF}^2}$

　　　　　$=\sqrt{6^2+3^2}=\sqrt{45}=3\sqrt{5}\,(\text{cm})$

3 答▶(1)　**B**　　(2)　**A**

4 答▶(1)　$6\sqrt{3}$ cm　　(2)　$18\sqrt{3}$ cm^2

考え方▶辺BCの延
長線上に，
点Aから垂
線をひき，
その交点を
Dとする。$\text{CD}=x$ cm とする。

(1)　$\angle\text{ACD}=60°$，$\angle\text{ADC}=90°$ より，

　　$\text{AC}:\text{CD}:\text{AD}=2:1:\sqrt{3}$

　　$12:x=2:1$　　$x=6$

　　$\text{AD}=\sqrt{3}\,x=6\sqrt{3}\,(\text{cm})$

5 答▶(1)　$60°$　　(2)　$4\sqrt{3}$ cm

考え方▶(1)　$\text{AO}=\text{OO}'=\text{AO}'=4$ cm だから，

　　　　　　$\triangle\text{AOO}'$ は正三角形である。

　　　　　　よって，$\angle\text{AOO}'=60°$

　　(2)　ABとOO'の交点をHとすると，

　　　　$\text{OH}=\dfrac{1}{2}\text{OO}'=2\,(\text{cm})$，

　　　　$\text{OA}=4$ cm より，

　　　　$\text{AB}=2\times\sqrt{4^2-2^2}=2\sqrt{12}$

　　　　　　$=4\sqrt{3}\,(\text{cm})$

6 答▶(1)　$6\sqrt{3}$ cm　　(2)　$\sqrt{73}$ cm

　　(3)　$12\sqrt{146}$ cm^3

考え方▶(2)　直角三角形OAHにおいて，

　　　　　　$\text{OH}=\sqrt{\text{OA}^2-\text{AH}^2}$

　　　　　　　　$=\sqrt{10^2-(3\sqrt{3}\,)^2}=\sqrt{73}\,(\text{cm})$

　　(3)　$\dfrac{1}{3}\times(6\times6\sqrt{2}\,)\times\sqrt{73}$

　　　　$=12\sqrt{146}\,(\text{cm}^3)$

58 三平方の定理のまとめ② P.118-119

1 答▶(1)　$3\sqrt{3}$ cm　　(2)　$\dfrac{27+9\sqrt{3}}{2}$ cm^2

考え方▶(1)　$\triangle\text{ABD}$ は，$90°$，$30°$，$60°$ の直
角三角形だから，

　　　　　　$\text{AB}:\text{DA}:\text{BD}=2:1:\sqrt{3}$

　　(2)　点Cから対角線BDに垂線CH
をひく。

　　　　$\triangle\text{CBH}\equiv\triangle\text{BAD}$ より，

　　　　$\text{CH}=\text{BD}=3\sqrt{3}$ cm だから，

　　　　$\triangle\text{CDB}=\dfrac{1}{2}\times3\sqrt{3}\times3\sqrt{3}$

　　　　　　　　　$=\dfrac{27}{2}\,(\text{cm}^2)$

　　　　$\triangle\text{ABD}=\dfrac{1}{2}\times3\times3\sqrt{3}$

　　　　　　　　　$=\dfrac{9\sqrt{3}}{2}\,(\text{cm}^2)$

　　　　四角形ABCD

　　　　$=\triangle\text{CDB}+\triangle\text{ABD}$

　　　　$=\dfrac{27}{2}+\dfrac{9\sqrt{3}}{2}=\dfrac{27+9\sqrt{3}}{2}\,(\text{cm}^2)$

2 答▶(1)　$6\sqrt{2}$ cm

　　(2)　$18\sqrt{2}\,\pi$ cm^3

考え方▶(1)　底面の円周の
長さは，

　　　　$18\pi\times\dfrac{120}{360}$

　　　　$=6\pi\,(\text{cm})$

　　　　半径は，3 cm

　　　　高さ$\text{OH}=\sqrt{9^2-3^2}=\sqrt{72}$

　　　　　　　　　　$=6\sqrt{2}\,(\text{cm})$

3 答▶(1)　$10\sqrt{2}$

　　(2)　$\angle\text{C}=90°$ の直角三角形

考え方▶(1)　$\text{AB}=10\sqrt{2}$，$\text{BC}=4\sqrt{10}$，

CA=$2\sqrt{10}$

(2) $(4\sqrt{10})^2+(2\sqrt{10})^2=(10\sqrt{2})^2$
より，$BC^2+CA^2=AB^2$ となるので，△ABCは∠C=90°の直角三角形である。

④ 答▶ 15　　x

13　　$14-x$

15　　13

9

⑤ 答▶(1) $6\sqrt{3}$ cm　　(2) $2\sqrt{3}$ cm

(3) $4\sqrt{6}$ cm　　(4) $144\sqrt{2}$ cm³

考え方▶(2) 直角三角形HCMで，

$HM:CM=1:\sqrt{3}$

$HM:6=1:\sqrt{3}$

$HM=\dfrac{6}{\sqrt{3}}=2\sqrt{3}$ (cm)

(3) 直角三角形AHMで，

$AH^2=AM^2-HM^2$

$=(6\sqrt{3})^2-(2\sqrt{3})^2$

$=96$

$AH=4\sqrt{6}$ (cm)

59 標本調査　　P.120-121

① 答▶(1) B　　(2) A　　(3) A

(4) B　　(5) B

② 答▶(1) 84578人　　(2) 1000人

考え方▶標本調査を行うとき，ようすを知りたい集団全体を母集団，母集団の一部分として実際に調べたものを標本という。

③ 答▶(1) 3:2　　(2) 600匹

考え方▶(1) 白色のコイの数の平均は，(13＋10＋14＋12＋11＋13＋11＋10＋13＋13)$\times\dfrac{1}{10}=\dfrac{120}{10}=12$(匹)

黒色のコイの数の平均は，(7＋10＋6＋8＋9＋7＋9＋10＋7＋7)$\times\dfrac{1}{10}=\dfrac{80}{10}=8$(匹)

よって，20匹中の白色のコイと

黒色のコイの数の比は，

12:8=3:2

④ 答▶ 1000　　20　　2

$0.02\left(\dfrac{2}{100}\right)$　　20000　　20000

考え方▶標本中の米粒に対する赤色の米粒の割合は，$\dfrac{20}{1000}\times100=2$(%)

もとの容器に入っていた米粒を x 粒とすると，$0.02x=400$ という関係が成り立つ。

これを解くと，$x=20000$

60 中学図形の復習①　　P.122-123

① 答▶(1) 8π cm²　　(2) $(36-9\pi)$ cm²

考え方▶(1) $\dfrac{1}{2}\pi\times6^2-\left(\dfrac{1}{2}\pi\times4^2+\dfrac{1}{2}\pi\times2^2\right)$

$=18\pi-(8\pi+2\pi)$

$=8\pi$ (cm²)

(2) $6^2-\pi\times3^2=36-9\pi$ (cm²)

② 答▶(1) $x=8\sqrt{2}$　　(2) $x=4$

考え方▶(1) 直角二等辺三角形の辺の比は，$1:1:\sqrt{2}$ である。

③ 答▶右の図

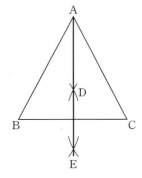

考え方▶① 点B，Cを中心として等しい半径の円をかき，その交点をD，Eとする。

② 直線DEをひく。

④ 答▶(1) 3:2　　(2) 3.6 cm$\left(\dfrac{18}{5}$ cm$\right)$

考え方▶(1) BF:FD=AE:DE

$=9:6$

$=3:2$

(2)　AB：EF＝BD：FD

　　EF＝$x$cm とすると，

　　$9:x=(3+2):2$

　　$5x=18$

　　$x=\dfrac{18}{5}=3.6$

⑤　**答▶**△ABPと△ACQにおいて，

正三角形の3辺の長さは等しいので，

AB＝AC ……①

AP＝AQ ……②

正三角形の3つの角は等しいので，

∠BAP＝∠CAQ ……③

①，②，③より，

2辺とその間の角がそれぞれ等しいから，

△ABP≡△ACQ

よって，PB＝QC

⑥　**答▶**(1)　辺EF，KL，DJ，EK，FL，
　　AG

(2)　面ABCDEF，GHIJKL

(3)　辺BH，AG，FL，EK，DJ

(4)　辺AB，GH，AF，GL，FE，LK，
　　DE，JK

61 中学図形の復習② P.124-125

① **答▶**(1)　$x=6.25\left(\dfrac{25}{4}\right)$

(2)　$x=3.6\left(\dfrac{18}{5}\right)$

考え方▶(1)　$4:5=5:x$

　　　　$4x=25$

　　　　$x=6.25$

② **答▶**(1)　**32°**　　(2)　**30°**

考え方▶(2)　下の図のようになる。

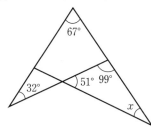

③ **答▶**(1)　**120°**　　(2)　**20°**

考え方▶(1)　$\angle x=75°+45°=120°$

(2)　$\angle x=70°-50°=20°$

④ **答▶**(1)　表面積…**112πcm²**
　　　　体積…**160πcm³**

(2)　表面積…**(36＋72$\sqrt{2}$)cm²**
　　　体積…**36$\sqrt{7}$cm³**

考え方▶(1)　側面積は，$8\pi\times10=80\pi$(cm²)

　　底面積は，$\pi\times4^2=16\pi$(cm²)

　　したがって，表面積は，

　　$80\pi+16\pi\times2=112\pi$(cm²)

　　円柱の体積＝底面積×高さ

　　したがって，体積は，

　　$16\pi\times10=160\pi$(cm³)

(2)　△OAB
で，点Oか
ら辺ABに
垂線OMを
ひくと，

　OM
$=\sqrt{9^2-3^2}$
$=6\sqrt{2}$(cm)

　これより，側面積は，

$\dfrac{1}{2}\times6\times6\sqrt{2}\times4=72\sqrt{2}$(cm²)

底面積は，$6^2=36$(cm²)

　したがって，表面積は，

$(36+72\sqrt{2})$cm²

　点Oから底面に垂線OHをひく
と，

OH$=\sqrt{(6\sqrt{2})^2-3^2}=3\sqrt{7}$(cm)

　四角すいの体積

$=\dfrac{1}{3}\times$底面積×高さ

　したがって，体積は，

$\dfrac{1}{3}\times36\times3\sqrt{7}=36\sqrt{7}$(cm³)

⑤ **答▶**辺ABを軸とする立体…**128πcm³**
辺BCを軸とする立体…**96πcm³**

考え方▶円すいの体積$=\dfrac{1}{3}\times$底面積×高さ

辺ABを軸とするとき，高さは6cm

$$\frac{1}{3}\times\pi\times8^2\times6=128\pi\,(\mathrm{cm}^3)$$

辺BCを軸とするとき，高さは8cm

$$\frac{1}{3}\times\pi\times6^2\times8=96\pi\,(\mathrm{cm}^3)$$

⑥ **答▶**△CBDと△BCEにおいて，
仮定より，
∠CDB＝∠BEC＝90°……①
BCは共通　　　　　……②
二等辺三角形の底角は等しいから，
∠DCB＝∠EBC　　　……③
①，②，③より，
斜辺と1つの鋭角がそれぞれ等しいから，
△CBD≡△BCE
よって，BD＝CE

62 中学図形の復習③ P.126-127

① **答▶**(1) **40°**　　　(2) **45°**

考え方▶(1) 半円の弧に対する円周角は90°
だから，∠x＝90°−50°＝40°

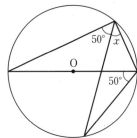

② **答▶**(1) $x=12$　　$y=12$
(2) $x=10$　　$y=12$

考え方▶(1) $x:18=16:24$
$24x=288$
$x=12$

(2) $6:x=9:15$
$9x=90$
$x=10$

③ **答▶**(1) ⑦, ⑦　　　　(2) ⑦
(3) ⑦, ⑦

④ **答▶**(1) **6π cm**　　(2) **3 cm**
(3) **27π cm²**　　(4) **36π cm²**
(5) **6√2 cm**　　(6) **18√2 π cm³**

考え方▶(1) $\overset{\frown}{\mathrm{AB}}$＝円Oの円周×$\dfrac{120}{360}$

$$=18\pi\times\frac{1}{3}=6\pi\,(\mathrm{cm})$$

(2) 底面の円周の長さは$\overset{\frown}{\mathrm{AB}}$の長さ
に等しいから，底面の直径は6cm

(3) おうぎ形AOBの面積

$$=円Oの面積\times\frac{120}{360}$$

$$=\pi\times9^2\times\frac{1}{3}=27\pi\,(\mathrm{cm}^2)$$

(4) 表面積＝側面積＋底面積
$27\pi+\pi\times3^2=36\pi\,(\mathrm{cm}^2)$

(5) 三平方の定理を
使って，円すいの
高さを求める。高
さを$x$cmとする
と，$3^2+x^2=9^2$
$x^2=72$
$x=\sqrt{72}=6\sqrt{2}$

(6) 円すいの体積

$$=\frac{1}{3}\times底面積\times高さ$$

$$=\frac{1}{3}\times9\pi\times6\sqrt{2}=18\sqrt{2}\,\pi\,(\mathrm{cm}^3)$$

⑤ **答▶**(1) **31.5 cm²**　(2) $\dfrac{27}{64}$**倍**

考え方▶(1) 容器の円すいと，水の入ってい
る部分の円すいの相似比は，12：
9＝4：3
面積の比は相似比の2乗に等し
いから，$4^2:3^2=16:9$
求める面積を$x$cm²とすると，
$56:x=16:9$
$x=31.5$

(2) 体積の比は相似比の3乗に等し
いから，$4^3:3^3=64:27$
よって，水の体積は容器の容積
の$\dfrac{27}{64}$倍になる。

1202R1